Blockchain
kurz & gut

W0073766

Blockchain
kurz & gut

Kai Brünnler

Kai Brünnler

Lektorat: Ariane Hesse
Korrektorat: Sibylle Feldmann, www.richtiger-text.de
Fachgutachter: Peter Klicman, Martin Schönert
Satz: III-satz, www.drei-satz.de
Herstellung: Stefanie Weidner
Umschlaggestaltung: Michael Oréal, www.oreal.de
Druck und Bindung: M.P. Media-Print Informationstechnologie GmbH, 33100 Paderborn

Bibliografische Information Der Deutschen Nationalbibliothek
Die Deutsche Nationalbibliothek verzeichnet diese Publikation in der Deutschen
Nationalbibliografie; detaillierte bibliografische Daten sind im Internet über
http://dnb.d-nb.de abrufbar.

ISBN:
Print 978-3-96009-070-0
PDF   978-3-96010-168-0
ePub   978-3-96010-169-7
mobi   978-3-96010-170-3

1. Auflage
Copyright © 2018 dpunkt.verlag GmbH
Wieblinger Weg 17
69123 Heidelberg

5 4 3 2 1 0

Inhalt

Codebeispiele 9

1 Grundlagen 11
   Hashfunktionen 12
   Digitale Signaturen 15
   Digitales Bargeld 19
   Digitale Zeitstempel 21
   Proof-of-Work 27

2 Die Blockchain 31
   BankCoin 31
   NaiveCoin 34
   TransactionCoin 38
   PublicAnnouncementCoin 42
   ElectionCoin 44
   Proof-of-Work-Coin 46
   BlockchainCoin 47
   IncentiveCoin 56
   Bitcoin 59

3 Anwendungen 67
   Private Blockchains 68
   Ein fälschungssicheres Speichermedium 70

Ein Zeitstempelmechanismus   72
Eine Quelle verifizierbarer Zufallszahlen   74
Ein nicht zu stoppender Computer   77

4   Literatur **83**

Index **85**

Danksagung

Für hilfreiche Rückmeldungen zu Vorversionen dieses Buchs danke ich herzlich: Thomas Luder, Patrick Liniger, Regine Brünnler, Benjamin Fankhauser, Stephan Fischli, Pascal Mainini, Philipp Locher, Reto König.

Codebeispiele

Python 3. Dieses Buch nutzt gelegentlich Codebeispiele in Python 3. Sie dienen vor allem der Illustration und müssen nicht ausgeführt werden. Falls daran aber Interesse besteht: Für Windows kann Python auf *https://www.python.org/downloads/* heruntergeladen werden. Für Linux installiert man es per Package Manager, z. B. bei Ubuntu 16.4 mit

```
sudo  apt  install python3
```

NaCl Library. Im Abschnitt über digitale Signaturen stellen wir eine konkrete Implementation eines Signaturschemas vor, nämlich aus der NaCl-Bibliothek mit ihren Python-Bindings [11, 15].

Für Windows installieren Sie die Bibliothek mit

```
C:\>pip  install pynacl
```

Auf Ubuntu 16.4 installieren Sie sie wie folgt:

```
pip3 install --user  pynacl
```

Gegebenenfalls müssen Sie vorher noch den Python-Paketmanager pip installieren:

```
sudo apt install python3-pip
```

Damit steht die Bibliothek zur Verfügung.

Hashcash. Im Abschnitt über Proof-of-Work nutzen wir das Hashcash Kommandozeilentool [3]. Auch dies dient vor allem der Illustration, und das Tool muss nicht selbst installiert werden. Falls daran aber Interesse besteht, kann es für verschiedene Plattformen von *http://www.hashcash.org* heruntergeladen werden.

Auf Ubuntu 16.4 kann es per Package Manager installiert werden:

```
$ sudo apt install hashcash
Reading package lists... Done
...
Setting up hashcash (1.21-1.1) ...
```

KAPITEL 1

Grundlagen

Blockchains setzen zwei kryptografische Grundbausteine voraus, die wir am Anfang dieses Kapitels kennenlernen: kryptografische Hashfunktionen und digitale Signaturen. Beide sind verhältnismäßig einfach und gut erforscht. Leser mit entsprechendem Vorwissen sind eingeladen, die entsprechenden Abschnitte zu überspringen.

Dann werden wir sehen, wie man auf das berühmte Double-Spending-Problem stößt, wenn man versucht, mithilfe digitaler Signaturen digitales Bargeld zu schaffen. Das Double-Spending-Problem besteht darin, dass ein dezentrales Netzwerk bei zwei widersprüchlichen Transaktionen nicht ohne Weiteres zu einem Konsens darüber kommen kann, welche der beiden Transaktionen gelten soll. Die Blockchain ist in erster Linie eine Lösung dieses Problems.

Danach betrachten wir digitale Zeitstempel oder Timestamping. Zeitstempel sind zum einen eine gute Illustration der Sicherheitseigenschaften von Hashfunktionen und digitalen Signaturen. Zum anderen ist eine Blockchain im Kern eben eine dezentrale Timestamping-Methode: Wenn das Netzwerk die zeitliche Reihenfolge der beiden widersprüchlichen Transaktionen kennen würde, dann könnte es einfach die erste gelten lassen und die zweite verwerfen. Dann wäre das Double-Spending-Problem gelöst.

Dieser dezentrale Timestamping-Mechanismus beruht auf einem weiteren kryptografischen Konzept: *Proof-of-Work*. Proof-of-Work ist integraler Bestandteil einer Blockchain und bezeichnet eine Methode, mit der man beweisen kann, dass man eine bestimmte Rechenarbeit geleistet hat.

Proof-of-Work wurde schon vor der Erfindung einer Blockchain genutzt, zum Beispiel im sogenannten Hashcash-Protokoll, das dazu dient, Spam zu bekämpfen. Eine Einführung von Proof-of-Work beendet das Kapitel zu den kryptografischen Grundlagen.

Hashfunktionen

Eine *Hashfunktion* bildet eine Bitfolge beliebiger Länge auf eine Bitfolge fester Länge ab und ist effizient berechenbar.

Eine vielfach verwendete Hashfunktion ist *SHA-256*. Eine Implementation finden wir zum Beispiel in der Python-Standardbibliothek.

```
$ python3
Python 3.5.2 (default, Nov  17 2016,   17:05:23)
[GCC  5.4.0  20160609] on linux
Type "help", "copyright", "credits" or "license" for more
information.
>>>
>>> import hashlib
>>> print(hashlib.sha256(b"Satoshi  Nakamoto").hexdigest())
a0dc65ffca799873cbea0ac274015b9526505daaaed385155425f7337704883e
>>>
```

Im gegebenen Beispiel wird der Hash der zugrunde liegenden Bitfolge des Strings Satoshi Nakamoto berechnet. Die Funktion sha256() gibt ein Objekt zurück, das den 256-bittigen binären Ausgabewert der Hashfunktion enthält. Auf diesem wird dann die Funktion hexdigest() aufgerufen, die diesen Ausgabewert in Hexadezimaldarstellung zurückgibt.

Änderungen am Eingabewert führen mit an Sicherheit grenzender Wahrscheinlichkeit zu Änderungen am Ausgabewert. Wenn wir zum Beispiel das letzte Zeichen unseres Eingabestrings ändern, erhalten wir einen völlig anderen Hashwert:

```
>>> print(hashlib.sha256(b"Satoshi  Nakamot0").hexdigest())
73d607aab917435d5e79857769996c95027d4e42172698e0776e1295e285730e
```

Eine mögliche Anwendung von Hashfunktionen ist das Erkennen von Übertragungsfehlern. Alice hat wenig Platz auf ihrem Laptop, sie will deshalb eine große Datei auf dem Server von Bob speichern und sie lokal löschen. Bevor sie die Datei auf den Server von Bob hochlädt, berechnet sie den Hashwert der Datei und speichert ihn lokal. So kann sie bei späterem Herunterladen der Datei erkennen, ob es zu Übertragungsfehlern gekommen ist: Alice berechnet den Hash der heruntergeladenen Datei und vergleicht ihn mit ihrem lokal gespeicherten Hash. Wenn beide gleich sind, kann Alice davon ausgehen, dass die Datei korrekt übertragen wurde.

Kryptografische Hashfunktionen. Eine *kryptografische Hashfunktion* ist eine Hashfunktion, die gewisse Sicherheitseigenschaften hat. Die beiden wichtigsten typischerweise geforderten Sicherheitseigenschaften sind die *Einwegfunktionseigenschaft* (englisch: preimage-resistance) und die *Kollisionsresistenz* (englisch: collision-resistance). Die Hashfunktion SHA-256 ist eine Einwegfunktion und auch kollisionsresistent.

Definition: Einwegfunktion

Eine Hashfunktion h ist eine *Einwegfunktion*, wenn es praktisch unmöglich ist, zu einem gegebenen Ausgabewert y einen Eingabewert x zu finden, den die Hashfunktion auf y abbildet: $h(x) = y$.

Diese Definition lässt offen, was mit »praktisch unmöglich« gemeint ist. Eine mathematisch exakte Definition ist für unsere Zwecke zu aufwendig, aber wir bemerken Folgendes:

Es ist *nicht* unmöglich, einen Eingabewert zu finden, der auf einen gegebenen Ausgabewert abgebildet wird. Eingabewerte sind Bitfolgen. Wir können also wie folgt alle Eingabewerte aufzählen:

(leere Bitfolge), 0, 1, 00, 01, 10, 11, 000, ... und so weiter.

Für jeden Eingabewert berechnen wir dabei seinen Hash und vergleichen diesen mit dem gegebenen Ausgabewert. Auf diese Weise finden wir mit Sicherheit irgendwann den passenden Eingabewert.

Aber wie praktikabel ist diese Methode? Für jeden Versuch liegt die Wahrscheinlichkeit, den richtigen Ausgabewert zu treffen, bei $2^{-256} \approx 10^{-77}$. Selbst wenn eine GPU[1] 10^{10} Hashwerte pro Sekunde be-

---

1 Graphical Processing Unit: die Recheneinheit einer Grafikkarte. Eine GPU ist im Allgemeinen schneller im Berechnen vieler Hashwerte als der Hauptprozessor (CPU) eines PCs.

rechnet und alle 10^{10} GPUs der Welt 100 Jahre lang rechnen (rund 10^{10} Sekunden), ist die Wahrscheinlichkeit, dass sie diesen Ausgabewert treffen, immer noch praktisch gleich null (10^{-47}).

»Praktisch unmöglich« in der obigen Definition heißt nun, dass kein wesentlich besseres Verfahren zum Finden eines passenden Eingabewerts bekannt ist als das soeben beschriebene.

Sofern Alice in unserem Beispiel eine Einwegfunktion benutzt, um den lokal gespeicherten Hashwert zu berechnen, kann sie sicher sein, dass niemand aus dem Hashwert den Dateiinhalt rekonstruieren kann. Wenn also zum Beispiel Charlie durch Zugriff auf Alice' Laptop Kenntnis dieses Hashwerts erlangt, kann Alice sicher sein, dass der Dateiinhalt trotzdem vor ihm geheim bleibt.

Achtung!

Wenn der Raum der möglichen Eingabewerte klein ist, dann ist es auch bei einer Einwegfunktion trivial, den entsprechenden Eingabewert zu finden! Bei dem Eingabewert »Satoshi Nakamoto« aus unserem Beispiel ist das leider der Fall, er besteht lediglich aus zwei Wörtern. Die Anzahl möglicher Wörter liegt nur in der Größenordnung von etwa 10^6, bei zwei Wörtern haben wir also 10^{12} Möglichkeiten. Eine einzelne GPU durchsucht diesen Raum vollständig in nur etwa 100 Sekunden! Einwegfunktionen sind also nur dann sinnvoll anwendbar, wenn ihre Eingabewerte aus einem genügend großen Raum stammen. In der Praxis werden deshalb meist Zufallswerte an die Eingabewerte angefügt, bevor Hashfunktionen darauf angewendet werden.

Definition: Kollisionsresistenz

Eine Hashfunktion h ist *kollisionsresistent*, wenn es praktisch unmöglich ist, zwei verschiedene Eingabewerte x und y zu finden, sodass $h(x) = h(y)$.

Ein Paar zweier solcher Eingabewerte x und y mit gleichem Ausgabewert wird auch *Kollision* genannt.

Ähnlich wie bei der Einwegfunktionseigenschaft ist es auch hier zwar einfach, einen Algorithmus anzugeben, der eine Kollision finden kann, aber es ist kein Algorithmus bekannt, der bei sinnvoller Begrenzung der Rechenkapazität auch tatsächlich in nützlicher Zeit eine Kollision findet.

 Kollisionsresistente Hashfunktionen sind im Allgemeinen auch Einwegfunktionen, aber nicht umgekehrt. Kollisionsresistent zu sein, ist also eine stärkere Anforderung an eine Hashfunktion, als eine Einwegfunktion zu sein. In wiederum anderen Worten: Die Kollisionsresistenz einer Hashfunktion zu brechen, ist einfacher, als ihre Einwegfunktionseigenschaft zu brechen. Intuitiv liegt das daran, dass ein Angreifer beim Finden einer Kollision mehr Freiheit hat als beim Finden eines zum Ausgabewert passenden Eingabewerts: Er kann beide Eingabewerte frei wählen.

Eine kollisionsresistente Hashfunktion lässt sich genau so zum Erkennen von Übertragungsfehlern anwenden wie eine beliebige Hashfunktion. Zusätzlich schützt eine kollisionsresistente Hashfunktion aber auch vor gezielten bösartigen Manipulationen. Wenn Bob Alice anstelle ihrer Datei eine Fälschung unterschieben will, muss die Fälschung ja denselben Hashwert haben wie Alice' Datei, sonst erkennt Alice die Fälschung. Dazu muss Bob also eine Kollision in der Hashfunktion finden – was aufgrund ihrer Kollisionsresistenz praktisch unmöglich ist.

Es ist eine spannende Frage, *wie* denn nun Hashfunktionen designt werden, damit sie die genannten Sicherheitseigenschaften erfüllen. Interessierte Leser seien dazu an [14] verwiesen. Wir gehen darauf hier nicht ein, denn wir brauchen nur den Fakt, *dass* sie diese Eigenschaften erfüllen.

Digitale Signaturen

Digitale Signaturen sollen die Eigenschaften von physischen Unterschriften auf Papier für digitale Dokumente nachbilden. Eine digitale Signatur ist grundsätzlich einfach eine Bitfolge, die vom Absender mithilfe eines Signaturschemas für eine Nachricht erzeugt wurde. Typischerweise wird diese Signatur an die Nachricht angehängt und mit ihr verschickt, damit der Empfänger überprüfen kann, dass die Nachricht tatsächlich vom Absender stammt und nicht auf dem Übertragungsweg geändert wurde.

Ein Signaturschema besteht aus drei Funktionen:

1. `generate`: Erzeugt ein Schlüsselpaar, bestehend aus einem Signierschlüssel, der nötig ist, um Nachrichten zu signieren, sowie einem Verifikationsschlüssel, der nötig ist, um Signaturen zu überprüfen. Der Signaturschlüssel muss natürlich geheim gehalten werden. Der Verifikationsschlüssel wird typischerweise öffentlich bekannt gegeben. Deswegen heißt der Signaturschlüssel auch *geheimer Schlüssel* oder *private key*, und der Verifikationsschlüssel heißt *öffentlicher Schlüssel* oder *public key*.

2. `sign`: Erzeugt für eine gegebene Nachricht mit einem gegebenen Signaturschlüssel eine Signatur.

3. `verify`: Überprüft die Gültigkeit einer gegebenen signierten Nachricht bezüglich eines gegebenen Verifikationsschlüssels.

Eine Implementation eines Signaturschemas finden wir in der NaCl-Bibliothek [11, 15]. Alice und ihr Sekretär Bob werden diese Bibliothek nun von Python aus nutzen, um sicher miteinander zu kommunizieren.

Alice möchte Bob anweisen, einem Lieferanten Geld zu überweisen. Natürlich wird Bob diese Anweisung nur ausführen, wenn er sicher sein kann, dass sie von Alice stammt. Er wird sie insbesondere daher nicht ausführen, wenn er sie unsigniert per E-Mail erhält.

Alice muss also die Nachricht signieren. Zuerst erzeugt Alice ein Schlüsselpaar:

```
>>> import nacl.encoding
>>> import nacl.signing
>>> signing_key = nacl.signing.SigningKey.generate()
>>> verify_key = signing_key.verify_key
>>> verify_key.encode(encoder=nacl.encoding.HexEncoder)
b'2b03da5ee034ab1399d29e2535e2220d275fa3a879faee250ff666c599187414'
```

Den Signierschlüssel hält Alice geheim. Den Verifikationsschlüssel lässt sie Bob auf eine Weise zukommen, bei der Bob sicher sein kann, dass er tatsächlich von Alice kommt. Sie kann ihn persönlich übergeben oder auch öffentlich zur Verfügung stellen, zum Beispiel auf der Webseite ihrer Firma. In jedem Fall muss Bob sichergehen, dass er wirklich den Verifikationsschlüssel von Alice erhält und sich nicht etwa einen anderen Verifikationsschlüssel unterschieben lässt.

Nun kann Alice eine Nachricht wie folgt signieren:

```
>>> message = "Bitte überweise 10000 EUR an Konto 0815"
>>> signed_message  = signing_key.sign(message.encode())
>>> signed_message
b'K\x9d\xa7\xc9\x1d\xe1e\x00\x7f\x92\xeb\x04\xffx\xbcS\xd9Q\x8b]]
\x80/\x83K\\\x8b\x96w\xe2\xc0A\xb0v\xac\xe5\x14\xa6\x16h\xaaPl
\x11D\xe4w1\x14\xfa\xbe\xda\x94\xe6\xc0\xf7h3\xc6\xa2E*\xca\x05
Bitte \xc3\xbcberweise 10000 EUR an Konto   0815'
```

Die signierte Nachricht kann sie jetzt an Bob schicken, zum Beispiel per E-Mail. Bob muss nun anhand des Verifikationsschlüssels die Nachricht verifizieren:

```
>>> message_bytes  = verify_key.verify(signed_message)
>>> message_bytes
b'Bitte \xc3\xbcberweise 10000 EUR an Konto   0815'
>>> message_bytes.decode()
'Bitte überweise 10000 EUR an Konto   0815'
>>>
```

Die Verifikation hat funktioniert. Bob ist sich also sicher, dass die Nachricht von Alice stammt, und er kann das Geld überweisen.

Wenn die Nachricht auf dem Weg modifiziert wurde, zum Beispiel von einem Angreifer, der das Geld auf sein eigenes Konto umlenken will, wirft die Funktion verify einen Ausnahmefehler:

```
>>> tampered  = signed_message.replace(b'0815',b'4711')
>>> tampered
b'K\x9d\xa7\xc9\x1d\xe1e\x00\x7f\x92\xeb\x04\xffx\xbcS\xd9Q\x8b]]
\x80/\x83K\\\x8b\x96w\xe2\xc0A\xb0v\xac\xe5\x14\xa6\x16h\xaaPl
\x11D\xe4w1\x14\xfa\xbe\xda\x94\xe6\xc0\xf7h3\xc6\xa2E*\xca\x05
Bitte \xc3\xbcberweise 10000 EUR an Konto   4711'
>>> verify_key.verify(tampered)
Traceback (most recent call  last):
...
nacl.exceptions.BadSignatureError: Signature was forged or corrupt
```

In diesem Fall überweist Bob das Geld also nicht, sondern informiert Alice darüber, dass jemand versucht, in ihrem Namen Nachrichten zu verschicken.

An ein Signaturschema werden zwei wesentliche Anforderungen gestellt: Korrektheit und Unfälschbarkeit. Dass ein Signaturschema *korrekt* ist, heißt einfach Folgendes: Wenn eine Nachricht mit einem bestimmten Signierschlüssel signiert wurde und dann diese signierte Nachricht mit dem zugehörigen Verifikationsschlüssel verifiziert wird, ist die Verifikation erfolgreich. Diese Anforderung ist offensichtlich. Ein nicht korrektes Signaturschema ist unbrauchbar – auch bei einer korrekt vom Absender signierten Nachricht könnte die Verifikationsfunktion dem Empfänger signalisieren, dass die Nachricht gefälscht ist.

Genauso wichtig ist die Unfälschbarkeit eines Signaturschemas. Intuitiv ist ein Signaturschema unfälschbar, wenn niemand außer dem Inhaber des Signaturschlüssels Nachrichten signieren kann. Bei genauerer Betrachtung müssen wir diese Bedeutung aber präzisieren. Erstens ist ja der Verifikationsschlüssel öffentlich bekannt – jeder kann also für eine beliebige Nachricht Signaturen so lange zufällig raten und anhand des Verifikationsschlüssels überprüfen, bis er eine richtige Signatur erraten hat. Genau wie bei den kryptografischen Hashfunktionen werden wir also nur verlangen, dass das Finden einer Signatur »praktisch unmöglich« ist. Zweitens kann der Empfänger einer signierten Nachricht natürlich trivialerweise eine Nachricht im Namen des Absenders signieren: Er kann ja einfach die empfangene Nachricht weiterverschicken. Bekannte signierte Nachrichten müssen wir also ausschließen. Damit kommen wir zu folgender Definition:

Definition: Unfälschbares Signaturschema

Wir nehmen einen Angreifer an, der den Verifikationsschlüssel kennt, der eine kleine Menge von signierten Nachrichten kennt, der aber den Signaturschlüssel nicht kennt. Ein Signaturschema ist *unfälschbar*, wenn es einem solchen Angreifer praktisch unmöglich ist, eine korrekt signierte Nachricht zu erzeugen – mit Ausnahme der ihm bekannten signierten Nachrichten.

Das vorgestellte Signaturschema aus der NaCl-Bibliothek ist korrekt und unfälschbar.

Sind Hashfunktionen und digitale Signaturen sicher?

Sicherheitsaussagen über kryptografische Funktionen spiegeln nur unseren derzeitigen Wissenstand über sie wider. Eine Hashfunktion gilt als kollisionsresistent, wenn *zurzeit* kein Algorithmus bekannt ist, der mit *derzeitig* verfügbarer Rechenkapazität erlauben würde, in nützlicher Zeit Kollisionen zu finden. Genauso gilt ein Signaturschema als unfälschbar, wenn *zurzeit* kein Algorithmus bekannt ist, der einem Angreifer mit *derzeitig* verfügbarer Rechenkapazität erlauben würde, Nachrichten in fremdem Namen zu signieren. Beides kann sich mit der Zeit ändern. Mit besserem Verständnis von kryptografischen Funktionen werden Attacken möglich, die weniger Rechenkapazität benötigen. Früher sichere kryptografische Hashfunktionen, wie z. B. MD5 und SHA-1, sind mittlerweile angreifbar. Auch SHA-256 wird möglicherweise irgendwann angreifbar, weshalb bereits Nachfolgekandidaten bereitstehen [20]. Erfahrungsgemäß werden weitverbreitete kryptografische Funktionen nicht überraschend von heute auf morgen gebrochen, sondern es werden mit der Zeit immer effizientere (aber immer noch nicht praktikable) Angriffe auf sie bekannt. Es sollte dann also genug Zeit sein, um auf sicherere Funktionen umzusteigen.

Digitales Bargeld

Eine Bargeldzahlung hat gegenüber einer elektronischen Zahlung den Vorteil, dass sie direkt vom Zahlenden an den Zahlungsempfänger geht. Es gibt also keine dritte Partei, die zwischen den beiden Parteien steht, wie etwa einen Zahlungsdienstleister. Ein solcher Zahlungsdienstleister hat prinzipiell die Möglichkeit, die Zahlung zu blockieren, Gebühren dafür zu erheben oder die Zahlung im Nachhinein rückgängig zu machen. Auch besteht die Gefahr, dass der Zahlungsdienstleister selbst insolvent wird. Daher kommt das Interesse an einem digitalen Äquivalent zu Bargeld.

Mit der Hilfe von digitalen Signaturen können wir nun schon fast digitales Bargeld schaffen. Zwei Hauptanforderungen an Bargeld sind:

1. Jeder kann die Echtheit von erhaltenem Bargeld überprüfen, und

2. nur der Herausgeber (z. B. die Zentralbank) darf Bargeld erschaffen.

Eine vom Herausgeber digital signierte Nachricht, wie etwa:

Diese Geldnote hat Seriennummer 0815 und den Wert von EUR 100.

erfüllt beide Anforderungen. Da der Verifikationsschlüssel des Herausgebers öffentlich bekannt gemacht wird, kann jeder die Gültigkeit der Signatur überprüfen, und da das Signaturschema fälschungssicher ist, kann niemand außer dem Herausgeber Geldnoten erzeugen.

Es gibt nur ein Problem: Im Gegensatz zu physischem Bargeld lassen sich digitale Nachrichten beliebig kopieren. Wenn Alice also die besagte digitale Geldnote im Wert von 100 EUR erhalten hat, kann sie einfach eine Kopie davon an Bob und eine zweite Kopie an Charlie weiterverschicken und so Waren im Wert von 200 EUR einkaufen. Davor schützt uns das Signaturschema nicht: Die Verifikation der Nachricht gelingt sowohl Bob als auch Charlie. Das ist das berühmte *Double-Spending-Problem* [19].

Natürlich kann man das Problem lösen, indem auf einem zentralen Server Buch über diese Geldnoten geführt wird und die Zahlungsempfänger ihre Zahlungseingänge überprüfen ... aber damit ist der Betreiber dieses Servers ein Zahlungsdienstleister, und die Vorteile von digitalem Bargeld sind dahin.

Das Double-Spending-Problem blieb lange ungelöst: Erst 2008 publizierte Satoshi Nakamoto im Bitcoin-Whitepaper eine Lösung dafür [12]. Das zentrale Konzept in dieser Lösung ist die Blockchain, die wir im nächsten Kapitel entwickeln werden.

Die Blockchain löst das Double-Spending-Problem, indem sie eine zeitliche Reihenfolge von Transaktionen festlegt. Bei zwei widersprüchlichen Transaktionen wird so die erste Transaktion akzeptiert und die zweite verworfen.

Die Blockchain ist also eine Art Zeitstempelmechanismus. In frühen Versionen der Bitcoin-Software hieß die Blockchain auch *timechain*.[2] Deshalb schauen wir uns im folgenden Abschnitt zunächst an, was ein digitaler Zeitstempel ist.

Digitale Zeitstempel

Digitale Zeitstempel (englisch: timestamps) dienen dazu, die Existenz von bestimmten Daten zu einer bestimmten Zeit nachzuweisen.

Ein Dokument aus Papier kann man beispielsweise in einem Briefumschlag per Post an sich selbst schicken. Auf diese Weise kann man später beweisen, dass das Dokument bereits am Datum des Poststempels existiert hat – zumindest gegenüber jenen, die der Unversehrtheit des Umschlags und der Echtheit des Poststempels vertrauen.

Auch digitale Dokumente kann man mit Zeitstempeln versehen. Das ist häufig sinnvoll, wenn Software oder digitale Kunstwerke veröffentlicht werden. Man kann damit vermeiden, dass später andere Parteien Urheberschaft vorgeben und Copyright oder Patente für sich beanspruchen.

Nehmen wir an, Alice hat bei AirBnB eine Wohnung von Vera gemietet. Sie kommt in der Wohnung an und sieht, dass das Parkett beschädigt ist. Vera ist gerade nicht erreichbar. Um nicht selbst in Verdacht zu geraten, fotografiert Alice sofort den Schaden und lässt sich für das Foto einen Zeitstempel ausstellen. Der Zeitstempel beweist, dass das Foto schon bei ihrer Ankunft entstanden ist und nicht erst danach. So kann sie nachweisen, dass sie den Schaden nicht verursacht hat.

---

2 main.cpp, Zeile 1681, *https://github.com/bitcoin/bitcoin/archive/v0.3.2.zip*

Trusted Timestamping. Zeitstempel werden von Timestamp-Servern ausgestellt. Diese werden von vertrauenswürdigen Stellen betrieben, zum Beispiel von einem großen Telekommunikationsanbieter oder einer Regierungsbehörde. In unserem Beispiel betreibt Tim einen Timestamp-Server. Tim ist im Besitz eines Schlüsselpaars, das er sich mit der Funktion generate eines Signaturschemas erzeugt hat. Den Signaturschlüssel hält Tim geheim. Den Verifizierungsschlüssel hat er öffentlich bekannt gegeben.

Um einen Zeitstempel für ihr Foto zu bekommen, schickt Alice den Hash des Fotos an den Server. Der Server fügt das aktuelle Datum sowie die aktuelle Zeit hinzu und signiert das Resultat. Das ergibt dann den Zeitstempel, den der Server zurück an Alice schickt. Alice speichert diesen und kann später damit beweisen, dass das Foto am Datum des Zeitstempels existiert hat. Die Ausstellung eines Zeitstempels ist in Abbildung 1-1 dargestellt.

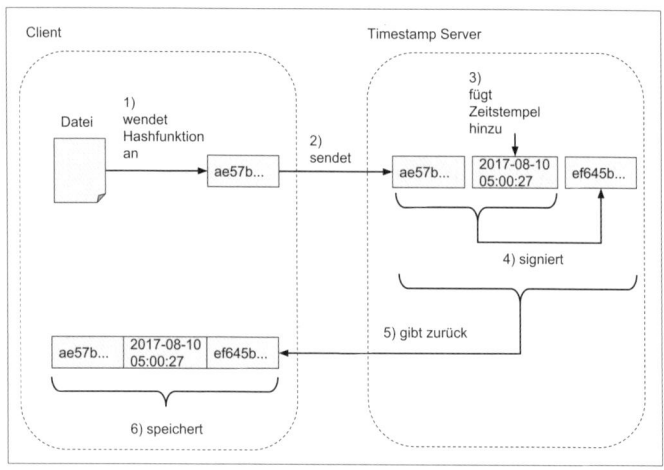

Abbildung 1-1: Ausstellung eines Zeitstempels im Trusted Timestamping

Prinzipiell funktioniert es auch, wenn Alice direkt ihr Foto an den Timestamp-Server schickt (und nicht nur einen Hash davon). Das hat aber den Nachteil, dass sie damit das Foto gegenüber Tim offenlegt. Prinzipiell geht der Zustand von Veras Parkett Tim nichts an. Da die Hashfunktion eine Einwegfunktion ist, kann Tim das Foto nicht ohne Weiteres aus dem Hash rekonstruieren. Außerdem ist es natürlich effizienter, nur den Hash zu schicken, da dieser meist deutlich kürzer ist als das Foto selbst.

Wenn Vera später den erzeugten Zeitstempel überprüft, dann prüft sie Folgendes:

- Ist der Hashwert von Alice' Foto gleich dem im Zeitstempel enthaltenen Hashwert?
- Ist die Signatur des Timestamp-Servers echt? (Sie ruft also die Funktion verify des Signaturschemas auf.)

Wenn diese Prüfungen erfolgreich sind, geht sie davon aus, dass das Foto zum im Zeitstempel angegebenen Zeitpunkt existiert hat und dass demzufolge Alice den Schaden nicht verursacht haben kann.

Implizit vertraut Vera damit

- der Unfälschbarkeit des verwendeten Signaturschemas (denn sonst könnte Alice sich selbst den Zeitstempel ausgestellt haben),
- der Kollisionsfreiheit der Hashfunktion (denn sonst könnte Alice ihr ein anderes Foto vorlegen als das, dessen Hash sie damals zum Timestamp-Server geschickt hat) sowie
- der Fähigkeit und dem Willen von Tim,
  - immer die richtige Zeit in seinen Zeitstempeln einzutragen und
  - seinen Signaturschlüssel geheim zu halten.

Aufgrund des Vertrauens, das Vera Tim entgegenbringen muss, heißt diese Timestamping-Methode *Trusted Timestamping*. Das Wort *trust* (deutsch: Vertrauen) klingt positiv, bezeichnet hier aber nicht etwa *gegebenes* Vertrauen, sondern *erfordertes* Vertrauen. Das Verfahren erfordert, dass Vera Tim vertraut. Dieses Vertrauen kann verletzt werden, z. B. wenn Tim von Alice ein Bestechungsgeld annimmt und ihr dafür einen rückdatierten Zeitstempel ausstellt. Das geforderte Vertrauen ist also ein Nachteil des Verfahrens.

Das Vertrauen in die Geheimhaltung des Signaturschlüssels ist besonders problematisch. Sobald ein Angreifer in den Besitz des

Signaturschlüssels kommt, kann er Zeitstempel für beliebige Dokumente mit beliebigem Datum ausstellen. Im Fall der Kompromittierung des Signaturschlüssels verlieren also alle existierenden Zeitstempel auf einen Schlag ihre Beweiskraft!

Um dieses Problem zu lösen, wurde *Linked Timestamping* [9] entwickelt. Die wesentliche Idee dahinter ist einfach: Der Timestamping-Server fügt bei jedem ausgestellten Timestamp einen Hash des vorhergehenden Timestamps hinzu.

Linked Timestamping. Der Ablauf mehrerer Anfragen an einen Timestamp-Server mit Trusted Timestamping ist in Abbildung 1-2 dargestellt. Alice sendet einen Hash y_1 an den Timestamp-Server, der Server konkateniert[3] ihn mit der aktuellen Zeit t_1, wendet die Funktion sign des Signaturschemas darauf an und schickt den resultierenden Zeitstempel $sign(y_1 || t_1)$ zurück. Das Gleiche passiert für Bob, Charlie und so weiter.

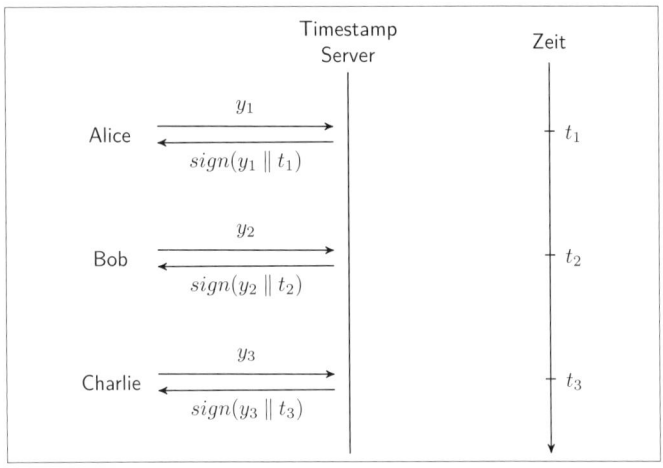

Abbildung 1-2: Trusted Timestamping

---

3   Zwei Strings werden konkateniert, indem sie hintereinandergeschrieben werden. Ist beispielsweise a der String "Hello" und b der String "World", so ist ihre Konkatenation $a || b$ der String "HelloWorld"

Wir sehen insbesondere, dass keinerlei Zusammenhang zwischen den zurückgegebenen Zeitstempeln besteht. Ganz anders im Linked Timestamping aus Abbildung 1-3: Darin beinhaltet jeder Zeitstempel den Hash des vorherigen Zeitstempels. Mit h ist hier eine kryptografische Hashfunktion bezeichnet.

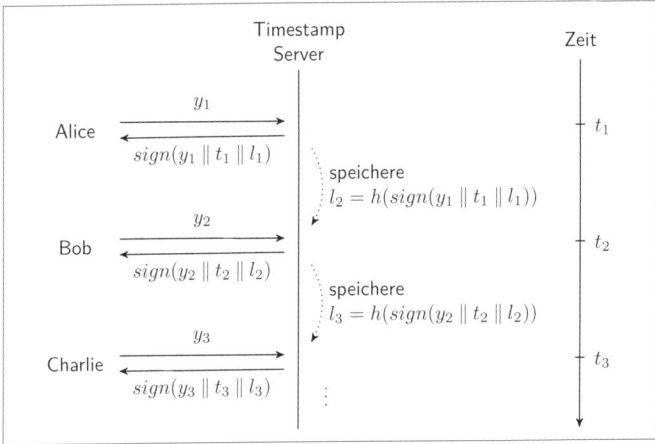

Abbildung 1-3: Linked Timestamping

Der resultierende Hashwert wird hier mit l_i bezeichnet, weil er als *Link*, also als Verbindung zwischen den Zeitstempeln, fungiert. Für den Link l_1 des ersten Zeitstempels wird einfach der leere String verwendet.

Die Einbettung des Hashwerts des vorigen Timestamps im aktuellen Timestamp legt die zeitliche Reihenfolge der beiden Timestamps fest: Es steht fest, dass der vorige Timestamp vor dem aktuellen Timestamp existiert haben muss – sonst hätte der Timestamp-Server seinen Hashwert nicht berechnen können. Das ist völlig unabhängig von den Zeiten, die in den Timestamps eingetragen sind. Auch wenn im aktuellen Timestamp, beispielsweise durch einen Fehler, eine frühere Zeit als im vorigen Timestamp eingetragen ist, so ist die wahre Reihenfolge der Timestamps leicht zu erkennen.

Nehmen wir nun an, dass Tims Timestamp-Server Linked Timestamps ausstellt und dass Alice sich von ihm einen Timestamp hat ausstellen lassen, so wie in Abbildung 1-3 dargestellt. Vera will nun den Timestamp von Alice überprüfen, aber sie vertraut Tim nicht. Was kann sie tun?

Sie fordert den nächsten ausgestellten Timestamp an, also den von Bob. Wenn Vera verifizieren kann, dass der Hash des ersten Timestamps im zweiten enthalten ist, und wenn sie Bob vertraut, kann sie immerhin davon ausgehen, dass Alice' Dokument vor dem Zeitpunkt t_2 existierte. Und wenn sie Bob nicht vertraut, fordert sie den Timestamp von Charlie an. Wenn sie verifizieren kann, dass der Hash von Bobs Timestamps in Charlies Timestamp enthalten ist und sie Charlie vertraut, kann sie immerhin noch davon ausgehen, dass Alice' Dokument vor dem Zeitpunkt t_3 existierte – und so weiter.

Noch nützlicher ist diese Methode, wenn Vera prinzipiell Tim vertraut, jedoch zu einem bestimmten bekannten Zeitpunkt Tims Signaturschlüssel kompromittiert wurde. Sagen wir, der Signaturschlüssel sei nach Zeitpunkt t_2 kompromittiert worden. Wenn Vera Bob vertraut und Bob ihr versichert, dass er seinen Timestamp zum Zeitpunkt t_2 erhalten hat, und wenn sie verifiziert, dass der Hash von Alice' Timestamp in Bobs Timestamp enthalten ist, dann weiß sie, dass Alice' Dokument zum Zeitpunkt t_1 bereits existierte – denn der Timestamp wurde ja zu einem Zeitpunkt signiert, als der Schlüssel noch nicht kompromittiert war.

Linked Timestamps bilden eine Kette – oder eine Hash-verkettete Liste. Jeder Timestamp legt durch die Einbettung des Hashwerts den Inhalt des vorigen Timestamps fest. Und wenn der aktuelle Timestamp den vorigen Timestamp festlegt und auch der vorige Timestamp den vorvorigen Timestamp festlegt und so weiter, dann legt jeder Timestamp alle vorigen Timestamps fest.

Wenn im Nachhinein in dieser Liste etwas geändert, gelöscht oder eingefügt wird, kann diese Manipulation durch die Überprüfung der Hashwerte erkannt werden. Und mit jedem neu ausgestellten Timestamp wird die Fälschungssicherheit der bereits ausgestellten Timestamps erhöht.

Genau wie eine Folge von Linked Timestamps, so ist auch eine Blockchain eine Hash-verkettete Liste: Jeder Block beinhaltet den Hash des vorherigen Blocks. Es gibt sogar Literatur, die jede Hash-verkettete Liste als Blockchain bezeichnet. Das kann jedoch zu Verwirrung führen: Hash-verkettete Listen gibt es schon lange, vermutlich seit den Siebzigerjahren. Sie allein können das Double-Spending-Problem nicht lösen. Dazu brauchen wir eine weitere wichtige Komponente: Proof-of-Work.

Proof-of-Work

Als Proof-of-Work bezeichnet man einen Beweis dafür, dass man eine bestimmte Arbeit geleistet hat. Eine Anwendung davon ist das Hashcash-Protokoll, ein Protokoll zur Bekämpfung von Spam [3]. Die grundlegende Idee in Hashcash ist, dass ein Empfänger einer E-Mail diese nur annimmt, wenn sie einen Beweis dafür enthält, dass der Absender eine gewisse Arbeit beim Erstellen der E-Mail geleistet hat. Die Arbeit besteht darin, eine Rechenaufgabe zu lösen, zu deren Lösung beispielsweise etwa eine Sekunde auf derzeit aktueller Hardware benötigt wird. Einem normalen Anwender macht es nichts aus, beim Verschicken einer Nachricht eine Sekunde zu warten. Einem Spammer ist es so aber nicht ohne Weiteres möglich, Millionen von Nachrichten zu verschicken.

Welche Art Rechenaufgabe wird in Hashcash verwendet? Es gibt ein paar Anforderungen: Sie muss verhältnismäßig schwierig zu lösen sein – mit anpassbarer Schwierigkeit, da sich Hardware ständig verbessert. Sie muss von der E-Mail-Adresse des Empfängers abhängen, damit ein Spammer nicht mit einer Lösung mehreren Empfängern Spam schicken kann. Außerdem muss der in der E-Mail enthaltene Beweis leicht vom Spamfilter des Empfängers überprüft werden können.

Die Aufgabe besteht im Wesentlichen darin, eine Bitfolge zu finden, die, wenn sie mit der E-Mail-Adresse des Empfängers konkateniert und einer kryptografischen Hashfunktion übergeben wird, einen Ausgabewert liefert, der mit einer bestimmten Anzahl Nullen anfängt. Genauer:

Definition: Hashcash-Puzzle

Gegeben sei eine Hashfunktion h, eine Bitfolge p (der Puzzle-String) sowie eine natürliche Zahl d (für difficulty). Das *Hashcash-Puzzle* ist dann die Aufgabe, eine Bitfolge s (für solution) zu finden, sodass

$$h(p\,||\,s)$$

mit d Nullen anfängt.

Ähnlich wie bei den besprochenen Sicherheitseigenschaften kryptografischer Hashfunktionen ist auch für das Hashcash-Puzzle mit aktuellen Hashfunktionen keine bessere Methode zur Lösung bekannt, als systematisch Werte für s auszuprobieren.

Wir wollen Satoshi Nakamoto unter satoshin@gmx.com eine E-Mail schicken. Satoshis Spamfilter nutzt Hashcash, um Spam abzuwehren. Um den Spamfilter zu überwinden, müssen wir also ein Hashcash-Puzzle lösen und dessen Lösung im E-Mail-Header eintragen.

Zur Lösung des Puzzles übergeben wir dem Hashcash-Tool den Befehl -m (das steht für *mint* bzw. *prägen* in Anlehnung an das Prägen einer Münze) sowie die E-Mail-Adresse und bekommen als Resultat ein sogenanntes Hashcash-Token, das die Puzzle-Lösung beinhaltet:

```
$ hashcash -m satoshin@gmx.com
hashcash token: 1:20:170710:satoshin@gmx.com::lQeWK51q1JcTwphK:01l/x
```

Was ist hier im Detail passiert? Zuerst hat Hashcash den Puzzle-String erzeugt. Er besteht aus folgenden mit Doppelpunkt separierten Daten:

- Hashcash-Version: 1
- Anzahl Null-Bits im Hash »difficulty«: 20
- Datum: 170710 (10.07.2017)
- E-Mail-Adresse: satoshin@gmx.com
- eine Base64-codierte Zufallszahl: lQeWK51q1JcTwphK

Dann hat Hashcash Rechenarbeit geleistet: Es hat das durch den Puzzle-String und die Difficulty definierte Puzzle gelöst. Es hat, angefangen bei null, laufend einen Zähler s inkrementiert und den

Puzzle-String, konkateniert mit *s*, so lange gehasht, bis der resultierende Hashwert mit 20 Null-Bits begann.

Dann hat es das gefundene *s* Base64-codiert:

- 01l/x

und an den Puzzle-String angefügt. Das Resultat ist das Hashcash-Token. Das Token ist Proof-of-Work: Indem wir es vorweisen, beweisen wir, dass wir die Rechenarbeit geleistet haben, die nötig war, es zu finden.

Mit der Standardschwierigkeit von 20 Bits sind Hashcash-Puzzles sehr schnell zu lösen (unter einer Sekunde). Wir erhöhen die Schwierigkeit des Puzzles etwas:

```
$ hashcash -m -b 25 satoshin@gmx.com
hashcash  token:  1:25:170710:satoshin@gmx.com::Tyr6iRYL7BeQFnij:1C2vf
```

Das dauert auf aktueller Hardware im Durchschnitt ein paar Sekunden. Wir tragen das Token in den Header unserer Nachricht an Satoshi ein und schicken die Nachricht ab.

Satoshis Spamfilter wird dann mit der Hashcash-Funktion -c (check) die Gültigkeit des Hashcash-Tokens überprüfen und feststellen, dass der Absender tatsächlich die entsprechende Rechenarbeit geleistet hat:

```
$ hashcash -c -y 1:25:170710:satoshin@gmx.com::Tyr6iRYL7BeQFnij:1C2vf
matched token: 1:25:170710:satoshin@gmx.com::Tyr6iRYL7BeQFnij:1C2vf
check: ok
```

Statt Hashcash zu benutzen, könnte Satoshis Spamfilter auch einfach die Hashfunktion selbst auf das Token anwenden, um sich zu überzeugen, dass der Hash mit der entsprechenden Anzahl Null-Bits anfängt:

```
$  echo  -n 1:25:170710:satoshin@gmx.com::Tyr6iRYL7BeQFnij:1C2vf\
| openssl sha1
(stdin)=  00000031ed7c1d3e78b1723e6a70a9948be408f2
```

Die Option -n ist nötig, um die Ausgabe eines Zeilenumbruchs zu verhindern. SHA-1 ist die in Hashcash verwendete Hashfunktion – ein Vorgänger von SHA-256. In der Hexadezimaldarstellung des

Hashwerts sehen wir sechs Nullen, entsprechend mindestens 24 Nullen in der Binärdarstellung.

Es ist also sehr einfach, die Lösung eines Hashcash-Puzzles zu überprüfen: Es ist lediglich ein Hash zu berechnen und die Anzahl der Null-Bits zu zählen.

Andererseits kann die Schwierigkeit, ein Hashcash-Puzzle zu lösen, über einen sehr weiten Bereich variiert werden. Die durchschnittliche Rechenarbeit, die zur Lösung eines Puzzles nötig ist, steigt exponentiell mit der Anzahl geforderter Null-Bits des Puzzles. Um das zu verdeutlichen, nutzen wir die Speedtest-Funktion von Hashcash, die die nötige Rechenzeit für eine bestimmte Schwierigkeit abschätzt:

```
$ hashcash -s -b 20
time estimate: 0 seconds (152    milli-seconds)

$ hashcash -s -b 30
time  estimate: 159  seconds  (3 minutes)

$ hashcash -s -b 40
time  estimate: 158914  seconds  (1.8  days)

$ hashcash -s -b 50
time estimate: 162727743 seconds (5.2    years)

$ hashcash -s -b 60
time  estimate: 166633208344  seconds  (5284 years)
```

Zum Vergleich: Das Bitcoin-Netzwerk löst derzeitig durchschnittlich aller zehn Minuten ein derartiges Puzzle mit einer Schwierigkeit von mehr als 70 Bits (Stand Anfang 2017). Wir werden später noch darauf eingehen, warum es das tut.

Mit kryptografischen Hashfunktionen, digitalen Signaturen, Linked Timestamping und Proof-of-Work haben wir jetzt das nötige kryptografische Rüstzeug, um uns im nächsten Kapitel der Blockchain zuzuwenden.

KAPITEL 2

Die Blockchain

Die Blockchain ist ein Teil des Bitcoin-Protokolls und verbindet auf nicht triviale Weise kryptografische Konzepte mit wirtschaftlichen Anreizen. Wenn man direkt erklärt, *wie* die Blockchain funktioniert, besteht die Gefahr, dass dabei unklar bleibt, *warum* sie so funktioniert.

In diesem Kapitel gehen wir daher anders vor. Wir versuchen, ein Protokoll für digitales Bargeld zu entwickeln. Ein Protokoll ist einfach eine Liste von Regeln, nach denen sich Teilnehmer in einem Netzwerk Nachrichten schicken. Jeder Abschnitt dieses Kapitels bespricht ein solches Protokoll. Wir gehen dabei von einem allseits bekannten Protokoll aus: E-Banking. Dann werden wir Schritt für Schritt offensichtliche Probleme im Protokoll aufdecken und beheben und dabei neue Protokolle entwickeln. So werden wir uns nach und nach dem Bitcoin-Protokoll annähern und auf dem Weg dahin das Konzept einer Blockchain selbst entwickeln.

BankCoin

Wir fangen mit dem BankCoin-Protokoll an, das jeder kennt, der schon einmal E-Banking benutzt hat. Die Teilnehmer unseres Netzwerks sind unter anderem Alice, Bob und Charlie, die sich gegenseitig Geld überweisen möchten. Das ermöglicht ihnen ein spezieller Teilnehmer im Netzwerk: die Bank. Sie verwaltet die Kontostände der Teilnehmer. Die Teilnehmer sind in Abbildung 2-1 dargestellt. In unserem Beispiel hat nur Alice Geld auf ihrem Konto bei der Bank, Bob und Charlie haben keins.

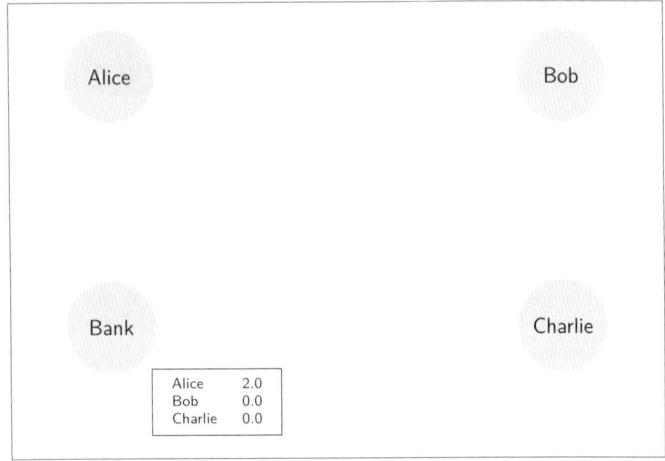

Abbildung 2-1: Teilnehmer im BankCoin-Protokoll

Wenn Alice Geld an Bob überweisen möchte, schickt sie eine Nachricht nicht etwa an Bob, sondern natürlich an die Bank. Diese Nachricht ist von Alice signiert und enthält den zu überweisenden Betrag und den Empfänger der Überweisung. Eine solche signierte Nachricht nennen wir auch *Transaktion*.

Die Bank prüft nach Erhalt der Transaktion nun ...

1. ob die digitale Signatur von Alice gültig ist sowie
2. ob Alice über den nötigen Kontostand verfügt.

Bei erfolgreicher Prüfung betrachtet die Bank die Transaktion als *gültig* und führt sie aus: Sie zieht also den zu überweisenden Betrag von Alice' Kontostand ab und erhöht Bobs Kontostand entsprechend. Dieser Vorgang ist in Abbildung 2-2 dargestellt.

In der Realität werden Nachrichten im E-Banking nicht mit digitalen Signaturen authentisiert, sondern typischerweise per Passwort oder mit einem Challenge-Response-Verfahren, aber das ist ein Detail. Im Wesentlichen passiert genau dasselbe wie im BankCoin-Protokoll.

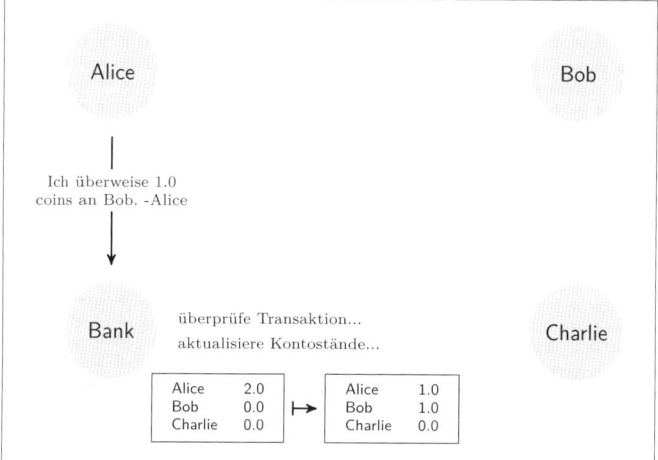

Abbildung 2-2: Eine Überweisung im BankCoin-Protokoll

Bob erfährt in diesem Protokoll nichts von der Überweisung. Wenn Bob wissen will, ob die Überweisung von Alice angekommen ist, muss er bei der Bank nachfragen.

Die Regeln unseres BankCoin-Protokolls sind folgende:

- Die Bank verwaltet alle Kontostände.
- Jeder Teilnehmer schickt seine Transaktionen an die Bank.
- Die Bank akzeptiert gültige Transaktionen und aktualisiert entsprechend die Kontostände.

Unsere Bank spielt hier die Rolle eines *Intermediärs*. Offensichtlich hat der Intermediär durch die Verwaltung der Kontostände große Macht. Im Gegensatz zu allen anderen Netzwerkteilnehmern ist er technisch in der Lage, die Kontostände beliebig zu ändern. Insbesondere kann er

1. Transaktionen abweisen, selbst dann, wenn sie gültig sind (Zensur), sowie
2. Geld erzeugen (Inflation).

Wir fragen uns also, ob wir ein Protokoll entwickeln können, in dem sich Teilnehmer direkt Geld überweisen können, ohne Umweg über einen Intermediär.

Wenn wir also den Intermediär nicht mehr zur Verfügung haben, stellt sich die Frage: Wer verwaltet dann die Kontostände?

Ein anderer Teilnehmer, wie etwa Alice, darf die Verwaltung natürlich nicht übernehmen – sie würde damit einfach selbst zum Intermediär.

Die einzig mögliche Lösung ist, dass *jeder* Teilnehmer *alle* Kontostände verwaltet. Diese Idee verfolgen wir im nächsten Protokoll.

NaiveCoin

Im NaiveCoin-Protokoll entfernen wir die Bank und lassen ihre Aufgaben durch alle Teilnehmer gemeinsam erfüllen.

Die Regeln des NaiveCoin-Protokolls sind wie folgt:

- Jeder Teilnehmer verwaltet alle Kontostände.
- Jeder Teilnehmer schickt seine Transaktionen an alle Teilnehmer.
- Jeder Teilnehmer akzeptiert alle gültigen Transaktionen und aktualisiert entsprechend die Kontostände.

Wir haben einfach in den Regeln von BankCoin überall *Die Bank* durch *Jeder Teilnehmer* ersetzt. Das allein ist zwar eine recht naive Idee, daher auch der Protokollname, aber wir werden sehen, dass vieles schon ganz gut funktioniert im NaiveCoin-Protokoll.

Die Teilnehmer im Protokoll sind in Abbildung 2-3 dargestellt. Die Bank ist verschwunden, aber dafür hat jeder Teilnehmer eine Kopie der Kontostandsdaten.

Bei einer Überweisung schickt Alice jetzt ihre Nachricht an alle Teilnehmer, wie in Abbildung 2-4 dargestellt. Dann erfüllt jeder Teilnehmer die Aufgaben der Bank: Er prüft die Signatur von Alice, prüft ihren Kontostand, und bei erfolgreicher Prüfung aktualisiert er die Kontostände. Am Ende haben alle Teilnehmer übereinstimmende aktualisierte Kontostandsdaten.

Alice
Bob
Alice 2.0
Bob 0.0
Charlie 0.0
Alice 2.0
Bob 0.0
Charlie 0.0
Charlie
Alice 2.0
Bob 0.0
Charlie 0.0

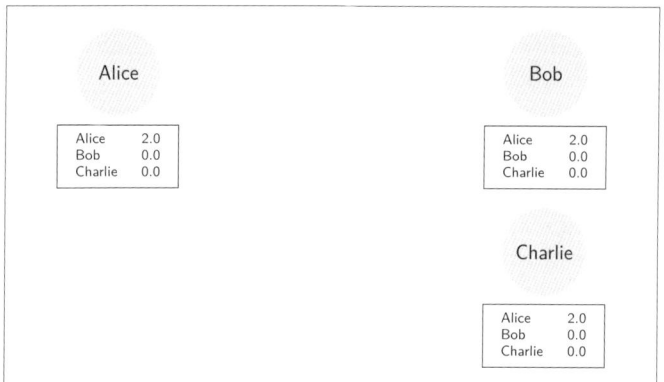

Abbildung 2-3: Teilnehmer im NaiveCoin-Protokoll

Alice
Ich überweise 1.0
coins an Bob. -Alice
Bob
Alice 2.0
Bob 0.0
Charlie 0.0
Alice 1.0
Bob 1.0
Charlie 0.0
Ich überweise 1.0
coins an Bob. -Alice
Alice 2.0
Bob 0.0
Charlie 0.0
Alice 1.0
Bob 1.0
Charlie 0.0
Charlie
Alice 2.0
Bob 0.0
Charlie 0.0
Alice 1.0
Bob 1.0
Charlie 0.0

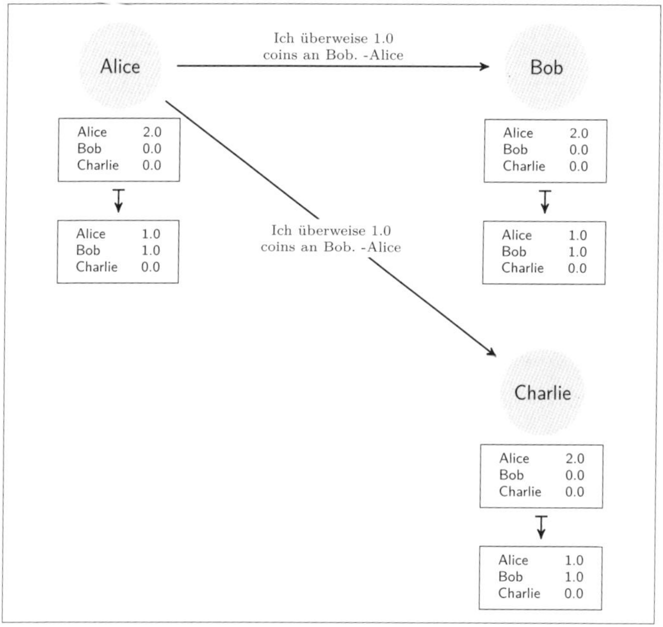

Abbildung 2-4: Eine Überweisung im NaiveCoin-Protokoll

Die Übereinstimmung der Kontostandsdaten bei verschiedenen Teilnehmern nennt man auch *Konsens*, und Konsens ist offensichtlich wichtig für die Funktion des Protokolls.

Kann in diesem Protokoll ein Teilnehmer einem anderen Geld stehlen? Nun, jeder Teilnehmer kann natürlich in den bei ihm selbst gespeicherten Kontostandsdaten seinen Kontostand beliebig erhöhen und auch den von anderen Teilnehmern beliebig senken. Nur nützt ihm das nichts. Er hat keinen Zugriff auf die bei den anderen Teilnehmern gespeicherten Daten.

Nehmen wir z. B. an, dass Charlie seinen Kontostand bei sich von 0.0 auf 1.0 erhöht und er diesen von ihm erzeugten Coin an Alice überweisen will. Dann schickt er die Nachricht mit dem Inhalt

Ich überweise 1.0 Coins an Alice. -Charlie

an alle Teilnehmer. Außer Charlie selbst speichern aber alle Teilnehmer inklusive Alice einen Kontostand von 0.0 für Charlie. Sie alle werden die Überweisung zurückweisen, und Alice wird die Leistung, die Charlie bei ihr damit einkaufen wollte, nicht erbringen.

So einfach ist es also nicht, Geld zu erzeugen, zu stehlen oder Transaktionen zu zensieren.

Replay-Attacken. Das Protokoll hat aber ein schwerwiegendes Problem. Empfänger von Nachrichten überprüfen die Authentizität der Nachricht nur anhand der Signatur (nicht etwa anhand der IP-Adresse oder dergleichen). Bob kann also Alice' Nachricht, nachdem er sie empfangen hat, ein weiteres Mal aussenden, und alle Teilnehmer werden sie ein zweites Mal akzeptieren. Das nennt man eine *Replay-Attacke*. Sie ist in Abbildung 2-5 dargestellt.

Bob schickt die Replay-Attacke an alle Teilnehmer außer Alice. Alice würde natürlich merken, dass diese Überweisung nicht von ihr initiiert wurde. Aber selbst das nützt ihr nichts: Für Charlie und mit ihm alle anderen Teilnehmer des Netzwerks ist die Überweisung gültig: Sie trägt Alice' Signatur, und Alice verfügt über den nötigen Kontostand. Die Teilnehmer führen die Überweisung aus, und damit hat Bob Alice um einen Coin betrogen.

SerialnumberCoin. Diese Replay-Attacke müssen wir natürlich verhindern. Auf den ersten Blick ist das einfach. Wir speichern nicht Kontostände, sondern geben jedem Coin eine Seriennummer, und statt des Kontostands speichern wir die Liste der Seriennummern der Coins des Teilnehmers.

Wenn die beiden Coins von Alice die Seriennummern 123 und 124 haben, sehen die Kontostandsdaten aller Teilnehmer im Grundzustand also so aus:

```
Alice       123, 124
Bob
Charlie
```

Alice' Überweisung hat dann diese Form:

Ich überweise Coin Nummer 123 an Bob. -Alice

Die Kontostandsdaten jedes Teilnehmers nach der Überweisung sehen wie folgt aus:

```
Alice       124
Bob         123
Charlie
```

Wenn nun Bob die Überweisung von Alice ein zweites Mal aussendet, wird kein Teilnehmer sie akzeptieren: Alice hat Coin 123 nicht mehr.

Dieses Protokoll ist leider immer noch anfällig für Replay-Attacken. Es ist ja möglich, dass im Laufe der Zeit weitere Transaktionen ablaufen, in denen Coin 123 wieder in den Besitz von Alice gelangt. In einem solchen Fall kann Bob seine Replay-Attacke dann mit Erfolg ausführen.

Es reicht also nicht, jedem Coin eine Seriennummer zu geben. Um vor Replay-Attacken sicher zu sein, muss ein Coin seine gesamte Transaktionshistorie beinhalten. Das führt uns zum nächsten Protokoll: TransactionCoin.

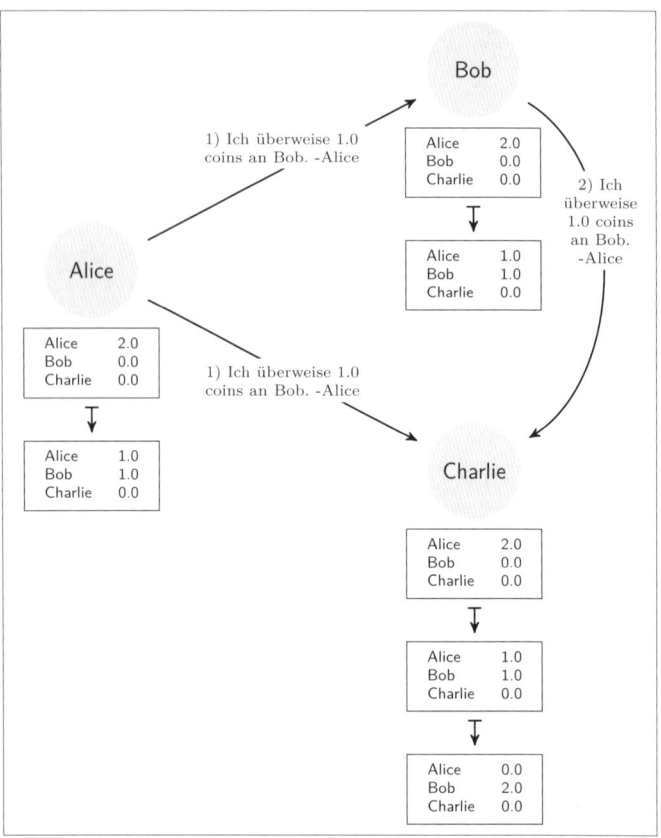

Abbildung 2-5: Eine Replay-Attacke im NaiveCoin-Protokoll

TransactionCoin

Im NaiveCoin-Protokoll gab es gar keine *Coins*, sondern nur Kontostände. Im SerialnumberCoin-Protokoll war ein Coin einfach eine Seriennummer. Im TransactionCoin-Protokoll definieren wir nun einen Coin wie folgt: Ein Coin ist die Transaktion, die ihn übertragen hat.

Das klingt etwas merkwürdig. Sehen wir uns ein Beispiel an.

- Alice hat einen Coin, nennen wir ihn x_0. Wenn sie ihn an Bob überweist, schickt sie diese Nachricht:

  x_1 = »Ich überweise Coin x_0 an Bob. -Alice«

- Diese Transaktion ist in unserem Protokoll gleichzeitig ein Coin. Wir haben diesen Coin x_1 genannt. Wenn Bob nun diesen Coin an Charlie überweist, schickt er folgende Nachricht:

  x_2 = »Ich überweise Coin x_1 an Charlie. -Bob«

- Da x_1 aber nur eine Kurzschreibweise für eine Transaktion ist, sieht die eigentliche Transaktion x_2 wie folgt aus:

  x_2 = »Ich überweise Coin (Ich überweise Coin x_0 an Bob. -Alice) an Charlie. -Bob«

Nach diesen beiden Transaktionen gibt es keine Coins x_0 und x_1 mehr, denn Coin x_0 wurde in Transaktion x_1 ausgegeben, und Coin x_1 wurde in Transaktion x_2 ausgegeben. Es gibt nur noch Coin x_2, und der gehört Charlie.

Ein Kontostand ist jetzt eine Liste von Coins, also eine Liste von Transaktionen. Die Kontostandsdaten eines Teilnehmers sehen daher z. B. wie folgt aus:

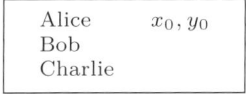

Hier hat wiederum Alice zwei Coins, nämlich den Coin x_0 und den Coin y_0, und Charlie und Bob haben keine Coins (eine leere Liste). Ein Teilnehmer muss diese Listen jetzt gar nicht mehr für jeden Teilnehmer separat speichern. Es reicht, wenn er die Liste aller Coins bzw. die Liste aller Transaktionen speichert. Er kann ja jedem Coin ansehen, wem er gehört: Der Coin ist eine Transaktion, und der Besitzer des Coin ist der Zahlungsempfänger der Transaktion. Statt einer Kontostandsdatenbank hat er also nun eine Transaktionsdatenbank.

Eine Überweisung sieht aus, wie in Abbildung 2-6 dargestellt.

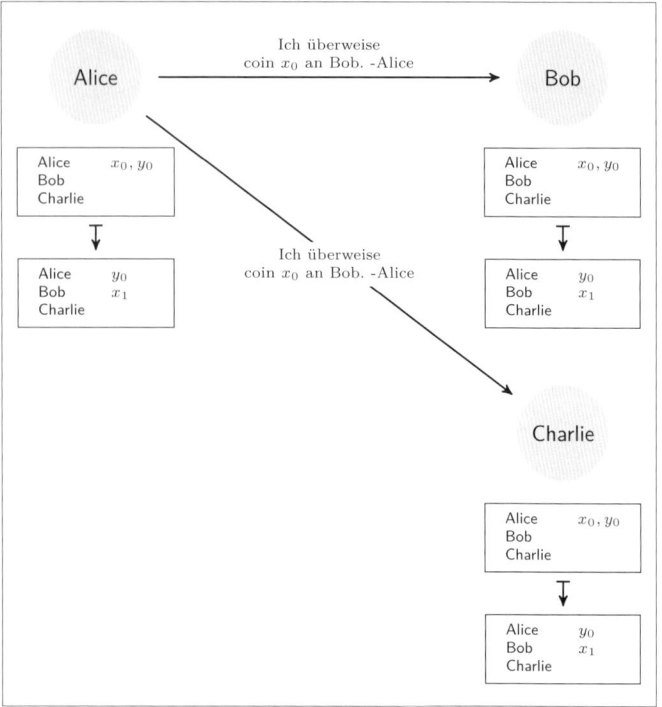

Abbildung 2-6: Eine Überweisung im TransactionCoin-Protokoll

In diesem Protokoll wird Bob nie in der Lage sein, eine Replay-Attacke auszuführen: Den Coin x_0, den ihm Alice überwiesen hat, wird Alice nie wieder besitzen.

Dieses Protokoll ist also sicher gegen Replay-Attacken. Es ist aber leider immer noch unsicher, denn es ist anfällig für die Double-Spending-Attacke.

Die Double-Spending-Attacke. Eine Regel im TransactionCoin-Protokoll besagt, dass eine Transaktion an alle Teilnehmer geschickt wird. Leider kann das Netzwerk das nicht sicherstellen – wenn ein Teilnehmer selektiv Transaktionen verschicken will, hat er die technische Möglichkeit dazu. Alice kann also die Double-Spending-Attacke durchführen, die wir schon in Kapitel 1 kennengelernt haben. Die Attacke ist in Abbildung 2-7 dargestellt.

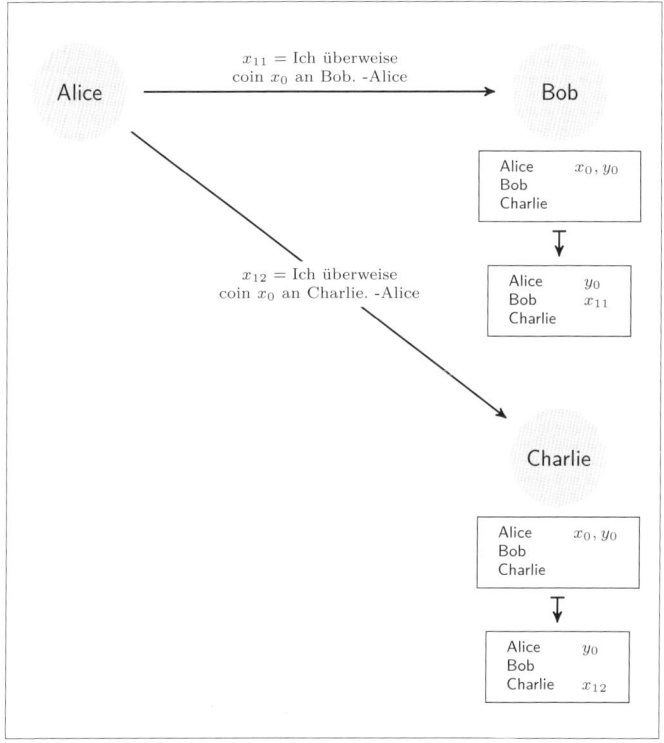

Abbildung 2-7: Die Double-Spending-Attacke

Nach dieser Attacke sind sowohl Bob als auch Charlie der Meinung, dass Alice ihnen einen Coin überwiesen hat. Wenn also Bob und Charlie jeweils Waren im Wert von einem Coin an Alice verkaufen, hat Alice von dieser Attacke profitiert: Sie hat für nur einen Coin Waren im doppelten Wert eingekauft. Auf der anderen Seite haben Bob und Charlie einen Verlust erlitten: Wenn Bob versucht, seinen Coin x_{11} bei Charlie auszugeben, wird Charlie ihn nicht akzeptieren. Umgekehrt wird Bob Charlies Coin x_{12} nicht akzeptieren. Die Transaktionsdatenbanken der Teilnehmer stimmen nicht mehr überein; das Zahlungsnetzwerk ist nicht mehr im Konsens und funktioniert nicht mehr zuverlässig.

Nun stehen wir also vor dem berühmten Double-Spending-Problem: Wir wollen ein Protokoll für digitales Bargeld finden, das die Double-Spending-Attacke verhindert.

Die Ursache für das Double-Spending-Problem in TransactionCoin ist offensichtlich, dass Alice selektiv Nachrichten an andere Teilnehmer senden kann. Das verhindern wir nun im nächsten Protokoll.

PublicAnnouncementCoin

Wir definieren ein *Public Announcement* oder eine *öffentliche Verkündung* als eine Nachricht, die so verschickt wird, dass jeder Teilnehmer sicher sein kann, dass jeder Teilnehmer sie empfängt.

Ein Public Announcement ist etwas ganz anderes als eine Nachricht, die einfach an alle Teilnehmer geschickt wird. Wenn ich als Teilnehmer eine Nachricht empfange, die der Absender an alle Teilnehmer geschickt hat, kann ich mir nicht sicher sein, dass alle Teilnehmer sie erhalten haben. Wie auch? Alles, was ich weiß, ist, dass *ich* die Nachricht bekommen habe.

Nehmen wir an, Alice will ein Public Announcement für Bob und Charlie machen. Sie will den beiden also eine Nachricht so schicken, dass Bob und Charlie sich sicher sein können, dass der jeweils andere die Nachricht auch empfangen hat.

Kann sie einfach eine E-Mail an beide schicken? Nein, wenn Bob die E-Mail bekommt, kann er sich nicht sicher sein, dass Charlie sie auch bekommen hat (aus verschiedensten Gründen, vor allem wohl aufgrund von Spamfiltern).

Kann sie die Nachricht auf einen öffentlich zugreifbaren Webserver legen, den Bob und Charlie kennen und regelmäßig abfragen? Nein, auch hier kann sich Bob nicht sicher sein, dass Charlie die Nachricht bekommen hat. Wenn Alice den Webserver unter Kontrolle hat, kann sie selektiv Daten ausliefern. Sie kann die IP-Adressen von Bob und Charlie in Erfahrung bringen und den Webserver so programmieren, dass er nur Clients mit der IP-Adresse von Bob die Nachricht ausliefert und Charlie damit nicht.

Was Alice aber tun kann, ist Folgendes: Sie trifft sich mit Bob und Charlie und verkündet laut vor den beiden ihre Nachricht. Jetzt kann sich Bob sicher sein, dass Charlie die Nachricht bekommen hat: Er hat es ja selbst wahrgenommen.

Die Regeln von PublicAnnouncementCoin sind somit wie die Regeln von TransactionCoin, aber mit folgenden zwei Änderungen:

1. Statt eine Transaktion an alle Teilnehmer zu schicken, wird sie öffentlich verkündet.
2. Jeder Teilnehmer akzeptiert nur öffentlich verkündete Transaktionen.

Wenn also Alice, Bob und Charlie in einem Raum sind und Alice Bob die Überweisung

$$x_1 = \text{»Ich überweise Coin } x_0 \text{ an Bob. -Alice«}$$

zuflüstert, akzeptiert Bob die Überweisung *nicht*. Bob akzeptiert sie *nur*, wenn Alice sie laut verkündet, sodass Bob sicher sein kann, dass alle anderen Teilnehmer sie auch vernommen haben.

Offensichtlich ist das Double-Spending-Problem auf diese Weise gelöst: Bob wird keine Überweisung akzeptieren, die Charlie nicht auch empfangen hat.

Damit sind wir fertig. Wir haben ein funktionierendes Protokoll für digitales Bargeld. Zumindest haben wir eine Lösung für den Fall, dass alle Teilnehmer in einem Raum sind.

Wir brauchen aber eine Lösung für das Internet. Alle weiteren Schritte in diesem Kapitel dienen dazu, Public Announcements für das Internet zu implementieren.

Und wie realisiert man Public Announcements im Internet? Das ist gar nicht so einfach! Dazu muss es ja eine Stelle geben, an der das Announcement steht. Wo soll diese Stelle sein? Wir können natürlich nicht einfach einen Teilnehmer festlegen, der die Announcements verkündet – dann hätten wir wieder ein zentralisiertes System.

Vielleicht könnten sich die Teilnehmer abwechseln. Das Protokoll könnte periodisch zufällig einen Teilnehmer auswählen, der das Announcement verkündet. Auf diese Weise hätte jeder die Chance, dass er ausgewählt wird, und keiner hätte mehr Macht als die anderen. Probieren wir diesen Ansatz im nächsten Protokoll aus.

ElectionCoin

Die Regeln in ElectionCoin sind die gleichen wie in TransactionCoin, aber mit folgenden Änderungen:

- Teilnehmer führen gültige Transaktionen nicht sofort aus, sondern sie schreiben sie vorerst in einen Zwischenspeicher. Diesen Zwischenspeicher nennen wir *Transaktionspool*.
- Periodisch wählt das Protokoll einen zufälligen Teilnehmer als *Leader* aus. Wie genau, das legen wir noch nicht fest. Aber nach der Auswahl wissen alle Teilnehmer, wer der Leader ist.
- Ist der Leader festgelegt, signiert er seinen Transaktionspool und schickt ihn an alle Teilnehmer.
- Sobald ein Teilnehmer den Transaktionspool des Leaders erhält, validiert er dessen Signatur und validiert alle enthaltenen Transaktionen. Dann aktualisiert er seine Transaktionsdatenbank entsprechend. Seinen eigenen Transaktionspool verwirft er.

Wir setzen hier voraus, dass der Leader ehrlich ist und tatsächlich denselben Transaktionspool an alle Teilnehmer schickt. Das ist natürlich eine problematische Voraussetzung, der wir uns später wieder zuwenden werden. Unter dieser Voraussetzung aber ist die Double-Spending-Attacke nun nicht mehr möglich.

Wenn Alice die Double-Spending-Attacke aus Abbildung 2-7 ausführt, akzeptiert weder Bob noch Charlie ihre Transaktion, sondern sie schreiben sie nur in den Transaktionspool. Wird später ein Leader gewählt – nehmen wir an, es sei Bob –, dann übernehmen alle inklusive Charlie den Transaktionspool von Bob. Die Transaktionsdatenbanken aller Teilnehmer stimmen überein. Bob wurde also von Alice bezahlt und kann seine Ware liefern. Charlie wurde nicht bezahlt, weiß das aber auch und liefert seine Ware nicht.

Nur weil eine Transaktion irgendwo in einem Transaktionspool ist, heißt das also nicht, dass sie auch in die Transaktionsdatenbank aufgenommen wird. Transaktionen im Transaktionspool heißen deshalb auch *unbestätigt* (unconfirmed). Eine Transaktion in der Transaktionsdatenbank dagegen heißt *bestätigt*.

Das Double-Spending-Problem ist also gelöst. Die Frage ist nur: Wie wählen wir den Leader aus?

Das Protokoll könnte einfach der Reihe nach alle Netzwerkteilnehmer zum Leader wählen: Den ersten Transaktionspool verkündet Alice, den zweiten Bob, den dritten Charlie und den vierten wieder Alice und so weiter.

Sybil-Attacke. Das Problem daran ist, dass das Netzwerk die einzelnen Teilnehmer nur anhand ihrer IP-Adressen und ihrer Verifikationsschlüssel kennt. In unserem Beispiel mit Alice, Bob und Charlie könnte Alice heimlich auf 100 von ihr kontrollierten Rechnern die Protokollsoftware laufen lassen, jeweils mit unterschiedlichen Verifikationsschlüsseln und IP-Adressen. Dann würde das Protokoll sie in 100 von 102 Perioden zum Leader wählen. Alice könnte damit praktisch allein darüber bestimmen, welche Transaktionen bestätigt werden. Diese Beeinflussung eines Netzwerks durch die Erstellung falscher Identitäten nennt man eine *Sybil-Attacke*. Wenn eine solche Attacke erfolgversprechend ist, würden natürlich auch Bob und Charlie Sybil-Attacken starten, und das Protokoll käme zum Erliegen.

Da wir Sybil-Attacken verhindern müssen, dürfen wir Teilnehmer nicht anhand von Merkmalen identifizieren, die sie leicht in großer Zahl generieren können. IP-Adressen und Verifikationsschlüssel sind dazu also ungeeignet.

Rechenkapazität ist aber ein Merkmal, das ein Teilnehmer nicht so leicht in beliebiger Menge generieren kann. Im nächsten Protokoll verwenden wir daher Rechenkapazität zur Identifikation der Teilnehmer.

Proof-of-Work-Coin

Die Regeln von Proof-of-Work-Coin sind die gleichen wie in ElectionCoin, und die periodische Auswahl des Leaders funktioniert wie folgt:

- Alle Teilnehmer arbeiten kontinuierlich an einer rechenintensiven Aufgabe: dem Hashcash-Puzzle, das wir in Kapitel 1 kennengelernt haben. Als Puzzle-String wählt jeder Teilnehmer seinen Transaktionspool.
- Sobald ein Teilnehmer sein Puzzle löst, wird er dadurch zum Leader und schickt seinen Transaktionspool zusammen mit der Puzzle-Lösung an alle Teilnehmer.
- Sobald ein Teilnehmer den Transaktionspool des Leaders erhält, validiert er die Lösung des Hashcash-Puzzles und validiert alle enthaltenen Transaktionen. Dann aktualisiert er seine Transaktionsdatenbank entsprechend. Seinen eigenen Transaktionspool verwirft er.

Damit ist eine Sybil-Attacke zwar nicht unmöglich, aber immerhin schwierig geworden: Um sich mehr Stimmrechte zu verschaffen, muss ein Teilnehmer mehr Rechenarbeit leisten. So weit, so gut.

Es gibt aber ein Problem mit diesem Protokoll: Was passiert, wenn zwei Teilnehmer die Puzzle-Lösung zur selben Zeit finden?

Nehmen wir an, Alice findet die Puzzle-Lösung. Sie schickt ihren Transaktionspool mit der Puzzle-Lösung an alle Teilnehmer. Doch die Nachricht braucht eine gewisse Zeit, bis sie bei den Empfängern ankommt. Wenn innerhalb dieser Zeit auch Bob die Lösung findet und mit seinem Transaktionspool verschickt, werden einige Teilnehmer Alice' Transaktionspool und andere Bobs Transaktionspool übernehmen. Da sich die beiden Transaktionspools im Allgemeinen voneinander unterscheiden (z. B. aufgrund von Double-Spending-Attacken), hat sich das Netzwerk nun in zwei inkompatible Netzwerke gespalten, die unterschiedlicher Meinung darüber sind, wer wen bezahlt hat. Diese Situation nennt man auch einen *Fork*.

Wir müssen natürlich dafür sorgen, dass nach einer solchen Situation wieder Konsens über die geleisteten Zahlungen erreicht wird. Im Proof-of-Work-Coin-Protokoll gibt es keinen Mechanismus, der das gewährleistet.

Einen solchen Mechanismus führen wir im nächsten Protokoll ein: die Blockchain. So wie wir in den Linked Timestamps in Kapitel 1 die Zeitstempel mit einer Hashfunktion verketten, so verketten wir jetzt Transaktionspools. Teilnehmer betten im aktuellen Transaktionspool einen Hashwert des vorherigen Transaktionspools ein. Bei Spaltungen dieser Kette gilt dann der längere Zweig als gültig. So wird das Netzwerk immer zu einem Konsens finden.

BlockchainCoin

Die Regeln von BlockchainCoin sind die gleichen wie in Proof-of-Work-Coin, aber mit folgenden Änderungen.

1. Der Leader verkündet nicht nur seinen Transaktionspool mit Puzzle-Lösung, sondern einen sogenannten *Block*, der Folgendes beinhaltet:

   - den Transaktionspool,
   - die Puzzle-Lösung (auch Nonce genannt) sowie
   - den Hash des vorigen Blocks.

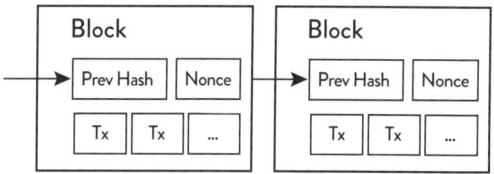

Abbildung 2-8: Die Blockchain [12]

Blöcke bilden also eine Kette, wie in Abbildung 2-8 dargestellt. Die Pfeile bezeichnen hier Anwendungen der Hashfunktion: Vom vorigen Block wird ein Hash berechnet und im aktuellen Block eingebettet. Die einzige Ausnahme bildet der erste Block in der Kette: der sogenannte *Genesis-Block*.

2. Genau wie in Proof-of-Work-Coin arbeitet jeder Teilnehmer kontinuierlich an einem Hashcash-Puzzle. Der Puzzle-String ist jetzt nicht nur sein Transaktionspool, sondern der Transaktionspool und der Hash des vorherigen Blocks.

3. Jeder Teilnehmer validiert alle Blöcke, die er erhält, und speichert die gültigen Blöcke. Für jeden erhaltenen Block ist durch den enthaltenen Hash klar, welche Blöcke seine Vorgängerblöcke sind, bis hin zum Genesis-Block. In Bezug auf diese Vorgängerblöcke wird der Block validiert: Alle Transaktionen müssen gültig sein, und die Puzzle-Lösung muss stimmen.

4. Jeder Teilnehmer arbeitet an dem Puzzle, basierend auf dem letzten Block in der längsten ihm bekannten Blockkette.

Indem ein Teilnehmer an einem Puzzle arbeitet, dessen Puzzle-String den Hash eines Blocks beinhaltet, akzeptiert er implizit diesen Block als gültig und damit auch alle Blöcke in der Kette, die zu diesem Block führt.

Nun ist das Problem einer Netzwerkspaltung gelöst: Auch wenn zwei Teilnehmer gleichzeitig einen Block finden, wird das Netzwerk letztendlich wieder zu einem Konsens finden. Betrachten wir diesen Vorgang in Abbildung 2-9:

1. Links sind die Teilnehmer dargestellt, die (netzwerktechnisch) nah an Alice sind, und rechts die, die nah an Bob sind. Anfänglich ist das Netzwerk im Konsens. Alle Teilnehmer haben dieselbe Blockchain, hier dargestellt mit zwei Blöcken. Alle Teilnehmer arbeiten an einem neuen Block, hier gepunktet dargestellt, basierend auf dem letzten Block der Blockchain.

2. Alice und Bob finden nun gleichzeitig eine Puzzle-Lösung, konstruieren einen Block und schicken ihn an alle Teilnehmer. Alice' Netzwerkhälfte empfängt Alice' Block zuerst und fängt unmittelbar an, darauf zu arbeiten. Bobs Netzwerkhälfte empfängt Bobs Block zuerst und fängt unmittelbar an, darauf zu arbeiten. Das Netzwerk ist jetzt gespalten.

3. Nach einer gewissen Zeit hat das gesamte Netzwerk sowohl Alice' wie auch Bobs Block empfangen. Alle Teilnehmer arbeiten aber weiterhin unbeirrt an ihrem Puzzle.

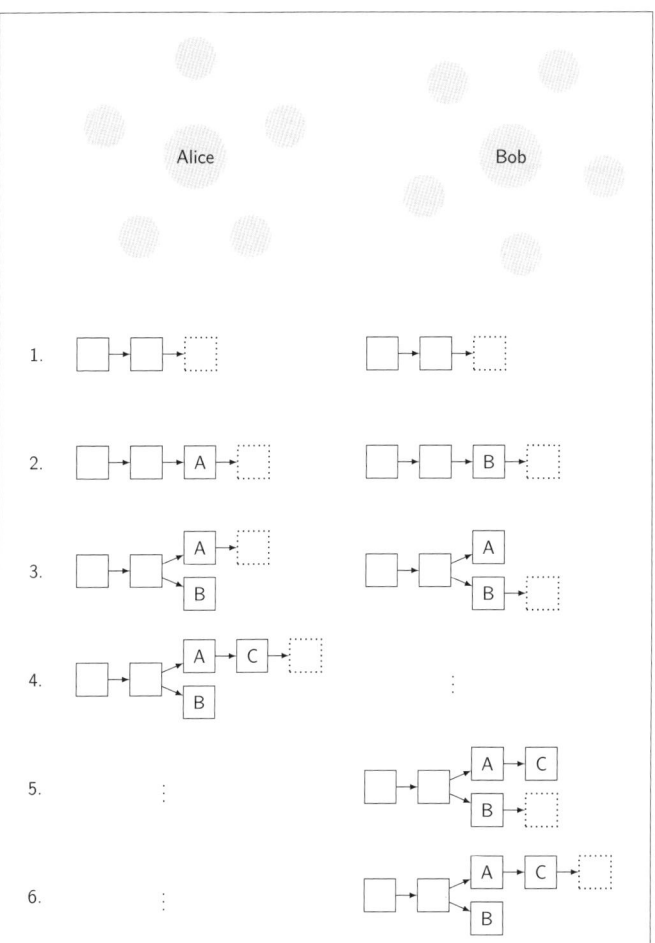

Abbildung 2-9: Konsensfindung

4. Jemand löst sein Puzzle. Nehmen wir an, es sei Charlie, und Charlie hat Alice' Block akzeptiert. Charlie versendet seinen Block und fängt unmittelbar an, an einem neuen Block zu arbeiten.

5. Auch Teilnehmer, die auf Bobs Block arbeiten, erhalten Charlies Block. Sie stellen fest, dass sie nicht mehr auf der längsten Blockkette arbeiten: Ihre Blockchain hat die Länge 3, die Kette mit Alice' und Charlies Block hat die Länge 4.

6. Sie verwerfen ihre bisher geleistete Arbeit und fangen an, basierend auf Charlies Block das Puzzle zu lösen. Das Netzwerk ist nun wieder im Konsens.

Der Vorgang in den Schritten 5 und 6 wird als *Reorganisation* bezeichnet. Nach der Reorganisation heißt die Kette, die im Block von Bob endet, *secondary chain*, während die längste Blockkette die *main chain* ist.

Wird das Netzwerk in jedem Fall so wieder zu einem Konsens finden? Es könnte ja in Schritt 4 passieren, dass gleichzeitig mit Charlie ein anderer Teilnehmer auch einen Block findet – etwa Dave –, und Daves Block beinhaltet den Hash von Bobs Block. Dann wäre das Netzwerk immer noch gespalten.

Dass mehrfach in Folge Teilnehmer immer wieder gleichzeitig Blöcke finden, wird aber immer unwahrscheinlicher – und wird schneller unwahrscheinlicher, je größer die Zwischenblockzeit im Verhältnis zur Blockpropagierungszeit ist.

Die Zwischenblockzeit ist die durchschnittliche Zeit zwischen dem Finden von Lösungen. Beim Design des Protokolls können wir sie leicht durch die Wahl der Schwierigkeit des Puzzles steuern. Die Blockpropagierungszeit ist die durchschnittliche Zeit, die ein Block benötigt, um alle Teilnehmer zu erreichen. Sie ist im Wesentlichen durch die Zeit bestimmt, die die Nachrichtenübertragung im Netzwerk benötigt.

Im Bitcoin-Protokoll wird die Schwierigkeit periodisch angepasst, um eine Zwischenblockzeit von zehn Minuten zu erreichen, was deutlich länger ist als die Blockpropagierungszeit, die eher im Bereich von wenigen Sekunden liegt [6]. Dadurch gibt es verhältnismäßig selten Reorganisationen (von der Größenordnung her etwa wöchentlich [7]).

Das Problem der Netzwerkspaltung ist also in dem Sinne gelöst, dass letztendlich wieder ein einheitlicher Zustand gefunden wird – aber eben nur *letztendlich*. Zwischenzeitlich kann die Blockchain

Blöcke und damit Transaktionen enthalten, die später durch eine Reorganisation wieder entfernt werden.

Die Wahrscheinlichkeit, dass ein Block jemals wieder entfernt wird, wird aber immer geringer, je mehr Blöcke auf ihm aufbauen.

Transaktionsbestätigungen. Wenn Bob also eine Zahlung von Alice erwartet und die entsprechende Transaktion im letzten Block der Blockchain sieht, kann er nicht sicher sein, dass diese Transaktion bestehen bleiben wird. Wartet er aber, bis weitere fünf Blöcke gefunden sind, die auf diesem Block aufbauen, kann er sich sehr sicher sein, dass die Transaktion für immer in der Blockchain stehen wird.

In diesem Fall sagt man, die Transaktion habe sechs *Bestätigungen*. Die Anzahl der Bestätigungen einer Transaktion ist in Abbildung 2-10 dargestellt: Es ist einfach die Anzahl der Blöcke, die man durch eine Reorganisation entfernen müsste, um die Transaktion zu entfernen.

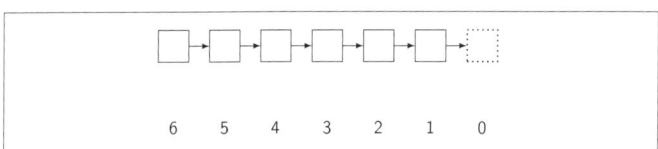

Abbildung 2-10: Anzahl Bestätigungen

Es gilt die Faustregel, sechs Bestätigungen einer Transaktion abzuwarten, bevor man die Transaktion als unumkehrbar und damit die Zahlung als geleistet ansieht. Im normalen Betrieb des Bitcoin-Netzwerks hat es (sehr wahrscheinlich) noch keine Reorganisation einer Kette dieser Länge gegeben [18].

Es gibt natürlich auch unbestätigte Transaktionen, z. B. wenn die Zahlung von Alice an Bob im Transaktionspool von Bob angekommen ist, aber noch nicht in einen Block aufgenommen wurde. Im Allgemeinen darf Bob diese Zahlung nicht als geleistet ansehen – Alice könnte ja eine Double-Spending-Attacke ausführen. In bestimmten Fällen aber, z. B. wenn Bob Alice vertraut oder wenn der Zahlungsbetrag klein ist in Bezug auf den Aufwand einer Double-Spending-Attacke, ist es durchaus praktikabel für Bob, die Zahlung als geleistet zu betrachten.

Wahrscheinlichkeit einer erfolgreichen Double-Spending-Attacke.
Betrachten wir eine erfolgreiche Double-Spending-Attacke im
BlockchainCoin-Protokoll in Abbildung 2-11, um zu verstehen, unter welchen Voraussetzungen sie möglich ist. Sagen wir, Alice attackiere Bob, und nehmen wir an, dass Bob Transaktionen mit einer Bestätigung akzeptiert.

Ein zweiter Zahlungsempfänger ist nicht nötig für die Attacke, da
Alice den Coin einfach an sich selbst überweisen kann.

Alice erstellt zwei Transaktionen x_B und x_A, der Form

> x_B = »Ich überweise Coin x an Bob. -Alice«
> x_A = »Ich überweise Coin x an Alice. -Alice«

1. Sie verschickt ihre Transaktion x_B an das Netzwerk, fügt sie
   aber nicht ihrem eigenen Transaktionspool hinzu, sondern
   stattdessen x_A. Sie arbeitet dann an einem neuen Block (also an
   einem Puzzle) basierend auf ihrem Transaktionspool. Der Rest
   des Netzwerks arbeitet an einem neuen Block basierend auf
   Transaktionspools mit der Transaktion x_B.

2. Ein Teilnehmer löst das Puzzle, findet also einen Block, und
   versendet ihn, insbesondere an Bob. Damit ist die Transaktion
   für Bob gültig: Er betrachtet die Zahlung als geleistet und liefert Alice die gekaufte Ware. Die ehrlichen Teilnehmer folgen
   dem Protokoll und arbeiten an einem neuen Block, der den
   Hash des Blocks mit x_B beinhaltet. Alice arbeitet jedoch weiterhin an ihrem Block mit x_A. Sie weicht also vom Protokoll ab,
   nach dem sie auf der längsten Kette, also auf der Kette mit x_B,
   arbeiten sollte.

3. Alice findet einen Block (mit anderen Worten, sie löst ein
   Puzzle und versendet den entsprechenden Block).

4. Alice findet nochmals einen Block.

5. Ihre Blöcke propagieren durch das Netzwerk.

6. Die ehrlichen Netzwerkteilnehmer folgen dem Protokoll und
   fangen an, an Alice' Kette zu arbeiten, da diese länger ist. Das
   Netzwerk ist im Konsens – aber der Konsens ist, dass Bob
   keine Zahlung von Alice erhalten hat.

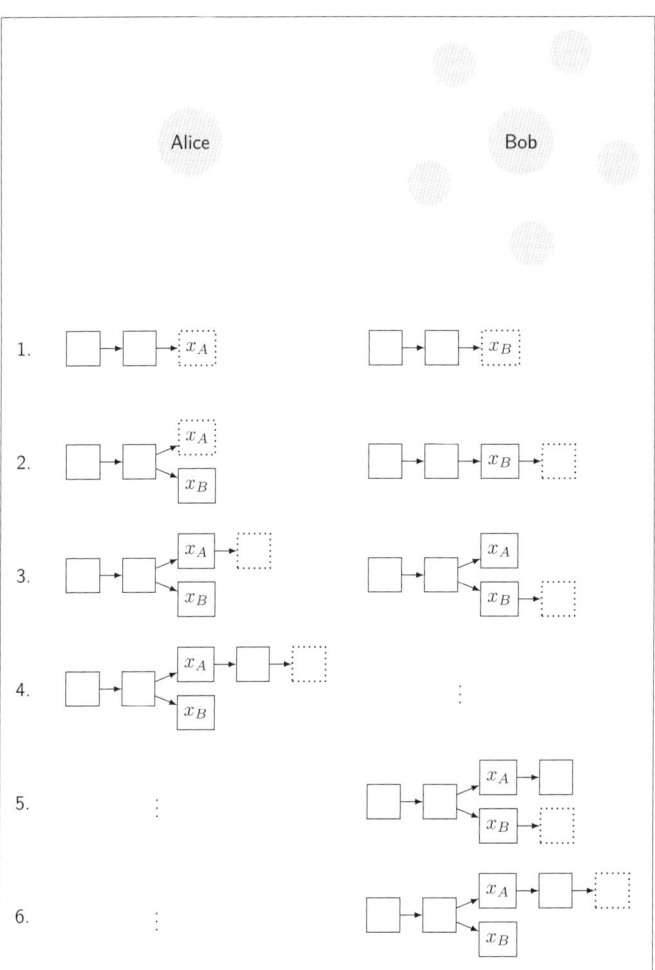

Abbildung 2-11: Eine erfolgreiche Double-Spending-Attacke in BlockchainCoin

Damit Alice mit ihrer Attacke Erfolg hat, muss ihr Zweig der Blockchain (der x_A enthält) länger werden als der andere Zweig – obwohl er anfänglich kürzer war. Sie muss gewissermaßen ein Wettrennen gewinnen, bei dem sie mit einem Rückstand startet.

Die Wahrscheinlichkeit, dass Alice' Attacke erfolgreich ist, hängt also von genau zwei Faktoren ab:

1. Von ihrer Geschwindigkeit im Wettrennen. Diese entspricht ihrer Rechenkapazität im Vergleich zur gesamten Rechenkapazität des Netzwerks. Je höher ihre Rechenkapazität ist, desto öfter findet sie Puzzle-Lösungen, und desto wahrscheinlicher ist es also in den Schritten 4 und 5, dass sie vor allen anderen einen Block findet.

2. Vom Rückstand, mit dem sie das Wettrennen startet. Dieser Rückstand hängt vor allem von der Anzahl Bestätigungen ab, nach der Bob die Zahlung akzeptiert hat. Je mehr Bestätigungen Bob abgewartet hat, desto mehr Blöcke muss sie vor allen anderen finden.

Die Wahrscheinlichkeit in Abhängigkeit von Alice' Hashrate und den von Bob erwarteten Bestätigungen ist in Abbildung 2-12 dargestellt.

q	1	2	3	4	5	6	7	8	9	10
2%	4%	0.237%	0.016%	0.001%	≈ 0	≈ 0	≈ 0	≈ 0	≈ 0	≈ 0
4%	8%	0.934%	0.120%	0.016%	0.002%	≈ 0	≈ 0	≈ 0	≈ 0	≈ 0
6%	12%	2.074%	0.394%	0.078%	0.016%	0.003%	0.001%	≈ 0	≈ 0	≈ 0
8%	16%	3.635%	0.905%	0.235%	0.063%	0.017%	0.005%	0.001%	≈ 0	≈ 0
10%	20%	5.600%	1.712%	0.546%	0.178%	0.059%	0.020%	0.007%	0.002%	0.001%
12%	24%	7.949%	2.864%	1.074%	0.412%	0.161%	0.063%	0.025%	0.010%	0.004%
14%	28%	10.662%	4.400%	1.887%	0.828%	0.369%	0.166%	0.075%	0.034%	0.016%
16%	32%	13.722%	6.352%	3.050%	1.497%	0.745%	0.375%	0.190%	0.097%	0.050%
18%	36%	17.107%	8.741%	4.626%	2.499%	1.369%	0.758%	0.423%	0.237%	0.134%
20%	40%	20.800%	11.584%	6.669%	3.916%	2.331%	1.401%	0.848%	0.516%	0.316%
22%	44%	24.781%	14.887%	9.227%	5.828%	3.729%	2.407%	1.565%	1.023%	0.672%
24%	48%	29.030%	18.650%	12.339%	8.310%	5.664%	3.895%	2.696%	1.876%	1.311%
26%	52%	33.530%	22.868%	16.031%	11.427%	8.238%	5.988%	4.380%	3.220%	2.377%
28%	56%	38.259%	27.530%	20.319%	15.232%	11.539%	8.810%	6.766%	5.221%	4.044%
30%	60%	43.200%	32.616%	25.207%	19.762%	15.645%	12.475%	10.003%	8.055%	6.511%
32%	64%	48.333%	38.105%	30.687%	25.037%	20.611%	17.080%	14.226%	11.897%	9.983%
34%	68%	53.638%	43.970%	36.738%	31.058%	26.470%	22.695%	19.548%	16.900%	14.655%
36%	72%	59.098%	50.179%	43.330%	37.807%	33.226%	29.356%	26.044%	23.182%	20.692%
38%	76%	64.691%	56.698%	50.421%	45.245%	40.854%	37.062%	33.743%	30.811%	28.201%
40%	80%	70.400%	63.488%	57.958%	53.314%	49.300%	45.769%	42.621%	39.787%	37.218%
42%	84%	76.205%	70.508%	65.882%	61.938%	58.480%	55.390%	52.595%	50.042%	47.692%
44%	88%	82.086%	77.715%	74.125%	71.028%	68.282%	65.801%	63.530%	61.431%	59.478%
46%	92%	88.026%	85.064%	82.612%	80.480%	78.573%	76.836%	75.234%	73.742%	72.342%
48%	96%	94.003%	92.508%	91.264%	90.177%	89.201%	88.307%	87.478%	86.703%	85.972%
50%	100%	100%	100%	100%	100%	100%	100%	100%	100%	100%

Abbildung 2-12: Wahrscheinlichkeit eines erfolgreichen Double-Spending-Angriffs bei gegebener Hashrate des Angreifers (Zeilen) und Anzahl Bestätigungen (Spalten) [17]

Wir sehen, dass bei einer verhältnismäßig niedrigen Hashrate von Alice, z. B. bei 10 %, die Wahrscheinlichkeit mit Zunahme der von Bob erwarteten Bestätigungen stark abnimmt: Schon nach sechs Bestätigungen ist die Wahrscheinlichkeit kleiner als ein Promille. Andererseits: Wenn Alice' Hashrate in die Nähe von 50 % kommt, hat ihre Attacke große Aussicht auf Erfolg, auch nach vielen Bestätigungen.

Die 51 %-Attacke. Wenn sich ein Angreifer mehr als 50 % der Hashrate des Netzwerks verschafft, nennt man das eine *51 %-Attacke*. Mit dieser Hashrate kann der Angreifer mit Sicherheit erfolgreiche Double-Spending-Attacken durchführen. Ist die Geschwindigkeit des Angreifers höher als die des verbleibenden Netzwerks, gewinnt er letztendlich jeden Wettlauf, egal mit welchem Rückstand er startet. Indem er nur auf seine eigenen Blöcke aufbaut und die Blöcke anderer Teilnehmer ignoriert, hat er volle Kontrolle über die Aufnahme von Transaktionen in die Blockchain. Insbesondere kann er also Transaktionen zensieren, indem er sie einfach nicht in seine Blöcke aufnimmt.

In BlockchainCoin können wir nun die (unrealistische) Voraussetzung eines ehrlichen Leaders fallen lassen. Das Protokoll funktioniert auch, wenn Alice unehrlich ist. Stattdessen setzen wir jetzt voraus, dass

1. Teilnehmer eine genügende Anzahl Bestätigungen abwarten, bis sie eine Transaktion als gültig betrachten, sowie dass

2. die Hashrate jedes Teilnehmers deutlich unter 50 % der Hashrate des gesamten Netzwerks liegt.

Ist die zweite Voraussetzung realistisch? Nehmen wir an, wir hätten eine Anzahl von 10 000 Teilnehmern. Nehmen wir weiter an, dass jeder dieser Teilnehmer bereit ist, seinen Rechner ununterbrochen laufen zu lassen und seine CPU mit Proof-of-Work-Puzzles auszulasten. Kann man bei einem Cloud-Computing-Anbieter eine CPU für etwa 10 Dollar im Monat mieten, dann kann ein Angreifer mit Kosten von nur etwa 100 000 Dollar einen ganzen Monat lang 50 % der Hashrate des Netzwerks kontrollieren und mit Erfolg Double-Spending-Attacken ausführen.

Wir sehen also, dass die Sicherheit des Netzwerks vor Double-Spend-Attacken von der Rechenkapazität des Netzwerks abhängt und dass die Rechenkapazität im BlockchainCoin-Protokoll selbst unter optimistischen Annahmen nicht hoch genug sein wird, um Double-Spending-Attacken zu verhindern.

Wir können 51 %-Attacken nicht verhindern. Aber wir können sie teuer machen, indem wir dafür sorgen, dass die Gesamt-Hashrate des Netzwerks hoch ist.

Wir haben noch gar nicht festgelegt, wie unsere Coins eigentlich entstehen. Unser Protokoll muss die Coins ja erzeugen und irgendwie auf die Teilnehmer verteilen. Vielleicht können wir mit diesen Coins ja die geleistete Rechenarbeit bezahlen – und so die Teilnehmer motivieren, Rechenkapazität beizutragen.

Das führt uns zum nächsten Protokoll.

IncentiveCoin

Die Regeln von IncentiveCoin sind die gleichen wie in Blockchain-Coin mit dem Unterschied, dass jeder Teilnehmer, der einen Block gefunden hat, eine bestimmte Anzahl Coins gutgeschrieben bekommt. Diese Coins heißen *Block Reward*. Das Protokoll erlaubt also dem Teilnehmer in seinem Block, Transaktionen einzufügen, die ihm selbst Coins überweisen, die quasi aus dem Nichts entstehen – solange deren Summe den Block Reward nicht übersteigt. Der Block Reward ist die einzige Art, wie Coins entstehen können.

Da ein Teilnehmer mit mehr Rechenkapazität mehr Blöcke findet, verdient er auch mehr Coins. Dadurch besteht also ein Anreiz, Rechenkapazität beizutragen.

Bei Bitcoin scheint der Anreiz zu funktionieren. Nach Schätzungen haben allein die Kosten für die verwendete Hardware eine Größenordnung von einer Milliarde US-Dollar [16]. Dazu kommen Stromkosten in der Größenordnung von 200 Millionen US-Dollar pro Jahr [5].

Um die Gesamtmenge der Coins zu begrenzen, halbiert das Protokoll den Block Reward nach jeweils 210 000 Blöcken, also etwa alle vier Jahre. Zurzeit beträgt er 12,5 Bitcoins. Damit wird der letzte

Bitcoin 2140 ausgeschüttet, und insgesamt wird es nur 21 Millionen Bitcoins geben.

Wie werden die Teilnehmer dann motiviert, weiterhin Rechenkapazität beizutragen? Schon deutlich vor 2140 wird der Block Reward vernachlässigbar klein. Dann sollen Transaktionsgebühren die Rolle des Block Reward übernehmen. Das Bitcoin-Protokoll sieht vor, dass der Absender an jede Transaktion eine Gebühr anhängen kann, die an den Teilnehmer ausgeschüttet wird, der den Block findet, in dem diese Transaktion bestätigt wird.

Da die Blockgröße beschränkt ist, führt das zu einem Markt für Transaktionsbestätigungen: Wenn ein Teilnehmer an einem Block rechnet, wählt er aus den Transaktionen in seinem Transaktionspool die mit der höchsten Gebühr pro Byte, um sie in den Block aufzunehmen.

Wer eine Transaktion mit geringer Gebühr verschickt, muss länger auf Bestätigungen warten bzw. riskiert, dass die Transaktion gar nicht bestätigt wird.

Da nun die Anreize für die Teilnehmer feststehen, können wir das Risiko einer Double-Spending-Attacke genauer analysieren. Wir kennen bereits aus Abbildung 2-12 die Wahrscheinlichkeit, mit der Alice eine erfolgreiche Double-Spending-Attacke durchführen kann. Wenn Alice' Hashrate 20 % des Gesamtnetzwerks beträgt und Bob sechs Transaktionen abwartet, dann liegt sie sehr niedrig: bei 2.3 %. Bei einer Transaktion über eine große Summe, also bei einem hohen möglichen Gewinn für Alice, könnte sie jedoch auch bei dieser niedrigen Erfolgswahrscheinlichkeit die Attacke wagen.

Die Frage ist also, unter welchen Umständen eine Attacke für den Angreifer profitabel ist – bei einem rational handelnden Angreifer müssen wir uns nur vor solchen Attacken fürchten.

Zur Beantwortung der Frage müssen wir die Gewinne von Alice bei erfolgreicher Attacke und ihre Verluste bei gescheiterter Attacke gegenüberstellen.

- Bei erfolgreicher Attacke: Alice leistet Rechenarbeit und erhält alle Block Rewards. Sie erhält die von Bob eingekauften Waren und bezahlt nichts dafür.

- Bei gescheiterter Attacke: Alice leistet Rechenarbeit, erhält aber keine Block Rewards. Sie erhält die eingekauften Waren, aber sie bezahlt sie auch.

Rosenfeld hat diese Frage beantwortet und den sogenannten *maximal sicheren Transaktionswert* bestimmt [17]. Das ist der Wert, bis zu dem ein Zahlungsempfänger sicher eine Transaktion mit n Bestätigungen von einem Zahlungsleistenden mit Hashrate q akzeptieren kann (siehe Abbildung 2-13).

q	1	2	3	4	5	6	7	8	9	10
2%	2400	42K	644K	9370K	≈∞	≈∞	≈∞	≈∞	≈∞	≈∞
4%	1150	10K	82K	615K	4437K	≈∞	≈∞	≈∞	≈∞	≈∞
6%	733	4722	25K	127K	626K	3018K	14M	≈∞	≈∞	≈∞
8%	525	2650	10K	42K	159K	588K	2144K	7749K	≈∞	≈∞
10%	400	1685	5741	18K	56K	168K	503K	1486K	4361K	12M
12%	316	1158	3391	9212	24K	62K	157K	396K	990K	2460K
14%	257	837	2172	5200	11K	27K	60K	132K	290K	632K
16%	212	628	1474	3178	6580	13K	26K	52K	102K	200K
18%	177	484	1043	2061	3901	7202	13K	23K	42K	74K
20%	150	380	763	1399	2453	4190	7039	11K	19K	31K
22%	127	303	571	983	1615	2582	4053	6288	9671	14K
24%	108	244	436	710	1103	1665	2467	3608	5229	7525
26%	92	198	337	523	775	1113	1570	2182	3005	4106
28%	78	161	263	392	556	766	1035	1377	1815	2372
30%	66	131	206	296	406	539	701	899	1141	1435
32%	56	106	162	225	299	385	485	602	740	901
34%	47	86	127	172	221	277	340	411	491	582
36%	38	69	99	130	164	200	240	283	331	383
38%	31	54	76	98	121	144	169	196	224	254
40%	25	42	57	72	87	102	118	134	151	168
42%	19	31	41	51	61	70	80	90	99	109
44%	13	21	28	34	40	46	51	57	62	68
46%	8	13	17	21	24	27	30	32	35	38
48%	4	6	8	9	10	12	13	14	15	16
50%	0	0	0	0	0	0	0	0	0	0

Abbildung 2-13: Maximale Anzahl Coins einer Transaktion, um sicher vor einer Double-Spending-Attacke zu sein [17]

Als Zahlungsempfänger möchte Bob ja wissen, wie viele Bestätigungen er abwarten muss, bis für Alice der Versuch einer Double-Spending-Attacke unprofitabel geworden ist. Wenn er annimmt, dass Alice nicht mehr als 20 % der Hashrate des Netzwerks kontrolliert, kann er bei sechs Bestätigungen Transaktionen mit bis zu 4190 Coins akzeptieren. Bei einem niedrigeren Transaktionswert muss er weniger Bestätigungen abwarten, bei einem höheren Transaktionswert entsprechend mehr.

Die Werte in Abbildung 2-13 sind nur grobe Anhaltspunkte – insbesondere basieren sie auf einem Block Reward von 25 Coins, der mittlerweile jedoch nur noch bei 12,5 Coins liegt. Sie illustrieren aber gut den Zusammenhang zwischen Transaktionswert und Anzahl Bestätigungen. Auch verdeutlichen sie, dass es bei einem Angreifer mit über 50 % Hashrate alle Transaktionen für Double-Spending-Attacken anfällig sind.

Mit IncentiveCoin haben wir nun endlich ein funktionierendes dezentrales Zahlungssystem, das die wesentlichen Ideen hinter Bitcoin beinhaltet und insbesondere die Funktionsweise einer Blockchain verdeutlicht.

Bitcoin

Alle bis jetzt vorgestellten Protokolle von NaiveCoin bis IncentiveCoin sind rein hypothetisch: Es gibt davon keine real existierenden Implementationen.

Sie sind gewissermaßen nur Approximationen von einem real existierenden Protokoll, nämlich von Bitcoin. In Tabelle 2-1 sind sie noch einmal im Überblick dargestellt.

Tabelle 2-1: Überblick

Protokoll	Problem	Lösung
BankCoin	Zensur und Inflation	Alle Netzwerkteilnehmer übernehmen die Aufgabe der Bank.
NaiveCoin	Replay-Attacken	Ein Coin beinhaltet seine gesamte Transaktionshistorie.
TransactionCoin	Double-Spending-Attacken	Akzeptiere nur öffentlich verkündete Transaktionen.
PublicAnnouncementCoin	Teilnehmer müssen am selben Ort sein	Teilnehmer wählen den Verkünder des Public Announcement.
ElectionCoin	Sybil-Attacken	Stimmrecht nach Rechenkapazität vergeben.
Proof-of-Work-Coin	Konsens scheitert, wenn zwei Teilnehmer gleichzeitig das Puzzle lösen	Verkettung von Proof-of-Work und Festlegung auf die längste Kette.

Tabelle 2-1: Überblick (Fortsetzung)

Protokoll	Problem	Lösung
BlockchainCoin	bezahlbare 51 %-Attacken	Belohnung für Puzzle-Lösungen.
IncentiveCoin	funktioniert nur bei gleichbleibender Rechenkapazität des Netzwerks, generell unflexibel	Anpassung der Puzzle-Schwierigkeit, Transaktions-Inputs und -Outputs, Skripting.

Das Bitcoin-Protokoll selbst ist komplex, und eine lückenlose Beschreibung würde den Rahmen dieses Buchs sprengen. Vollständigere Beschreibungen findet man im Buch von Andreas Antonopoulos [1] oder auch im Bitcoin-Wiki.[1] Letztlich ist das Bitcoin-Protokoll aber durch die Software definiert, die die Netzwerkteilnehmer laufen lassen. Die Software, die die überwiegende Mehrheit der Teilnehmer nutzt, heißt Bitcoin Core, und ihr Sourcecode ist auf GitHub zu finden.[2]

Wir betrachten hier nur noch kurz drei technische Merkmale von Bitcoin, die bisher nicht erklärt wurden, die aber wichtig für die Funktionsweise sind:

1. Anpassung der Puzzle-Schwierigkeit: Bitcoin passt die Schwierigkeit des Puzzles dynamisch an, um eine konstante Zwischenblockzeit von zehn Minuten zu erreichen.

2. Inputs und Outputs von Transaktionen: Bitcoin hat einen Mechanismus, der es erlaubt, Coins aufzuteilen und wieder zusammenzufügen.

3. Eine Programmiersprache: Für Bitcoins kann man flexibel Bedingungen programmieren, die erfüllt sein müssen, bevor sie ausgegeben werden können.

Anpassung der Puzzle-Schwierigkeit. Die Hashrate des Bitcoin-Netzwerks variiert. Typischerweise steigt sie, weil mit modernerer Hardware die Rechenkapazität der Teilnehmer wächst. Mit einer konstanten Schwierigkeit für das Hashcash-Puzzle würde die Zwi-

---

1 *https://en.bitcoin.it/wiki/Main_Page*

2 *https://github.com/bitcoin/bitcoin*

schenblockzeit also sinken, und damit würde die Häufigkeit von Reorganisationen sowie die Wahrscheinlichkeit von erfolgreichen Double-Spend-Attacken steigen.

Um das zu verhindern, passt das Bitcoin-Netzwerk abhängig von seiner Rechenkapazität dynamisch die Puzzle-Schwierigkeit an. Das müssen alle Teilnehmer auf genau die gleiche Weise tun. Die Puzzle-Schwierigkeit ist ja Bestandteil der Regeln, anhand deren ein Teilnehmer Blöcke akzeptiert oder ablehnt. Wenn sich zwei Teilnehmer nicht einig sind über die geforderte Puzzle-Schwierigkeit, akzeptieren sie unterschiedliche Blöcke und kommen damit zu unterschiedlichen Meinungen darüber, wer welche Coins hat.

Zu diesem Zweck beinhaltet jeder Bitcoin-Block einen Timestamp, eingetragen von dem Teilnehmer, der den Block gefunden hat. Der Timestamp wird von anderen Teilnehmern nach bestimmten Regeln akzeptiert, im Wesentlichen wenn er im Vergleich zu den Timestamps der vorherigen Blöcke und zur eigenen lokalen Zeit nicht zu stark abweicht.[3]

Basierend auf diesen Timestamps wird alle 2016 Blöcke (also etwa alle zwei Wochen) die Schwierigkeit des Puzzles angepasst: Wenn es länger als zwei Wochen gedauert hat, diese Blöcke zu finden, wird die Schwierigkeit entsprechend gesenkt. Typischerweise ist das Gegenteil der Fall, und die Schwierigkeit wird entsprechend erhöht.

Inputs und Outputs von Transaktionen. In IncentiveCoin wählt der Finder des Blocks die Stückelung des Block Rewards. Wenn Alice einen Block findet, darf sie sich den Gesamtwert von 50 Coins überweisen. Auf wie viele Transaktionen soll sie sie verteilen? Wenn sie sich eine einzige Transaktion über 50 Coins schickt, kann sie später damit keine Zahlung über einen geringeren Betrag leisten. Schickt sie sich aber 50 Transaktionen über je 1 Coin, braucht das Netzwerkbandbreite und Platz in der Blockchain und verursacht Transaktionsgebühren.

Bitcoin löst dieses Problem, indem jede Transaktion beliebig Werte aus früheren Transaktionen zusammenfügen und gleichzeitig die

---

3 *https://en.bitcoin.it/wiki/Block_timestamp*

daraus resultierende Summe auf mehrere Empfänger aufteilen kann. Dazu besteht eine Transaktion aus Inputs und Outputs (siehe Abbildung 2-14).

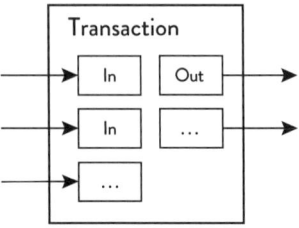

Abbildung 2-14: Eine Bitcoin-Transaktion [12]

Ein Output spezifiziert eine Anzahl Coins und den Zahlungsempfänger. Ein Input ist eine Referenz auf einen Output einer früheren Transaktion sowie eine Signatur des Zahlenden.

Der Zahlungsempfänger wird durch den Hash seines Verifikationsschlüssels identifiziert, seine sogenannte *Bitcoin-Adresse*.

Wenn Alice 5 Coins hat, bedeutet das, dass es eine Transaktion in der Blockchain gibt mit einem Output, der 5 Coins und die Bitcoin-Adresse von Alice enthält. Des Weiteren darf es keine Transaktion in der Blockchain geben, die einen Input enthält, der diesen Output referenziert: Der Output darf also noch nicht ausgegeben worden sein. In dem Fall spricht man auch von einem *Unspent Transaction Output* oder *UTXO*.

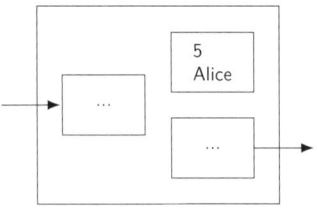

Abbildung 2-15: Eine Transaktion mit einem UTXO über 5 Coins

Wenn Alice nun diese 5 Coins (also diesen Output) an Bob überweisen will, erstellt sie eine Transaktion mit einem Input und einem

Output. Der Input referenziert den auszugebenden Output und enthält eine Signatur von Alice. Der Output enthält die Anzahl Coins, nämlich 5, und die Bitcoin-Adresse von Bob.

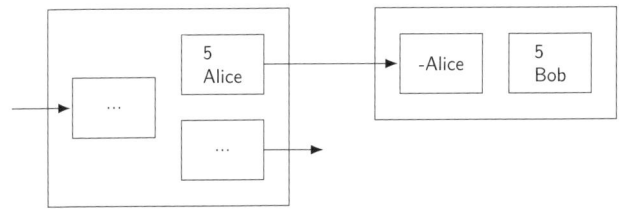

Abbildung 2-16: Eine Transaktion, die alle 5 Coins vollständig an Bob überweist

Wenn Alice nur 3 Coins an Bob überweisen möchte, erstellt sie stattdessen eine Transaktion mit einem Input und zwei Outputs. Der erste Output überweist 3 Coins an Bob, und mit dem zweiten Output überweist Alice 2 der Coins an sich selbst.

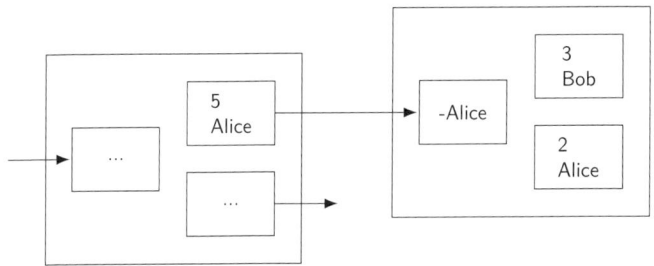

Abbildung 2-17: Eine Transaktion, die nur 3 der 5 Coins an Bob überweist

Analog gibt es eine Transaktion mit zwei Inputs und einem Output, wenn z. B. Alice aus unterschiedlichen Quellen je 2 und 3 Bitcoins erhalten hat und nun 5 an Bob überweisen will.

In der Regel ist die Summe der Outputs einer Transaktion kleiner als die Summe ihrer Inputs bzw. die Summe der durch die Inputs referenzierten Outputs. Diese Differenz ist dann die Transaktionsgebühr und wird an den Finder des Blocks ausgeschüttet, der diese Transaktion beinhaltet.

Bitcoin Script. Ein weiteres technisches Feature von Bitcoin ist eine Skriptsprache. Outputs beinhalten keinen Public Key, sondern allgemeiner ein kleines Programm, geschrieben in *Bitcoin Script*. Bitcoin Script ist eine sehr einfache Stack-basierte Assembler-Sprache ohne Schleifen und Sprunganweisungen, aber mit Befehlen für kryptografische Operationen wie Hashfunktionen und Signaturverifikation.

Im einfachsten Fall beinhaltet ein solches Skript nur die Anweisung, die Signatur der ausgebenden Transaktion in Bezug auf einen gegebenen Public Key zu verifizieren. In der oben genannten Transaktion von Alice an Bob steht im Output also ein Skript mit der Anweisung, die Signatur der Folgetransaktion mit Bobs Verifikationsschlüssel zu verifizieren.

Damit kann nur Bob Transaktionen verfassen, die die Coins aus diesem Output weiterüberweisen.

Mit Bitcoin Script ist es nun auch möglich, komplexere Bedingungen zu spezifizieren. Alice muss ihre Coins nicht an Bob überweisen, sie kann sie auch so überweisen, dass nur Bob und Charlie gemeinsam sie weiterüberweisen können – oder dass sowohl Bob als auch Charlie sie weiterüberweisen können – oder dass anfänglich nur Bob sie weiterüberweisen darf, nach einer gewissen Zeitspanne dann aber auch Charlie.

Generell sind Bitcoins nicht im Besitz einer Person. Es ist treffender, sich vorzustellen, dass sie in einem Schließfach liegen, an dem ein Schloss hängt. Dieses Schloss ist genau das Skript, das deshalb auch Lock-Skript genannt wird. Jeder, der dieses Schloss öffnen kann, kann die Bitcoins herausnehmen und nach Belieben in ein anderes Schließfach legen und dort ein Schloss seiner Wahl anbringen.

Das beendet die notwendigerweise unvollständige Beschreibung des Bitcoin-Protokolls. Auf viele Aspekte konnten wir nicht eingehen. So arbeiten heute nicht alle Teilnehmer im Bitcoin-Netzwerk an neuen Blöcken, sondern nur sogenannte *Miner*, Teilnehmer mit Spezialhardware, die sich in *Mining Pools* zusammenschließen. In Bitcoin ist auch nicht die längste Blockkette entscheidend, wie in BlockchainCoin dargestellt, sondern die Kette, die Proof-of-Work über die größte Menge Rechenarbeit beinhaltet. Und schließlich sind gewisse Attacken auf das Bitcoin-Netzwerk schon für einen Teilnehmer mit einer Hashrate von etwa 30 % lohnend (also deutlich unter 50 %). Zum Abschluss sei also nochmals für eine vollständigere Darstellung auf das Buch von Antonopoulos verwiesen [1].

KAPITEL 3

Anwendungen

Das Konzept einer Blockchain wurde als Teil von Bitcoin entwickelt, also ist Bitcoin die erste Anwendung einer Blockchain. Bitcoin ist digitales Bargeld in dem Sinn, dass kein zentraler Intermediär zwischen Zahlungsparteien existiert, der Zahlungen zensieren kann. Noch treffender kann Bitcoin als digitales Gold bezeichnet werden, weil es ähnlich wie bei Gold keine zentrale Instanz gibt, die nach Belieben Bitcoins erzeugen kann.

Da der Sourcecode von Bitcoin öffentlich gemacht wurde und einfach zu kopieren und anzupassen ist, entstanden in kurzer Zeit viele andere digitale Währungen, die auf denselben Prinzipien beruhen wie Bitcoin und die man kollektiv als *Kryptowährungen* bezeichnet. Einige werben mit höherer Transaktionskapazität, andere mit mehr Anonymität, wieder andere mit besserer Programmierbarkeit als Bitcoin.

Bitcoin und Kryptowährungen im Allgemeinen sind offensichtlich eine sehr erfolgreiche Anwendung von Blockchains, wenn man ihre Transaktionsvolumina oder ihre Wertentwicklung betrachtet.

Weniger offensichtlich ist, dass eine Blockchain *notwendigerweise* auch eine Kryptowährung beinhaltet. Wie wir gesehen haben, ist ein Blockchain-basiertes Netzwerk anfällig für 51 %-Attacken. Alles, was das Netzwerk vor einer solchen Attacke schützt, ist seine Rechenleistung. Wenn das Netzwerk seinen Teilnehmern keinen ausreichenden Anreiz bietet, Rechenleistung beizutragen, wird es anfällig für diese Attacke. Es muss also einen solchen Anreiz bieten, und die einzige Art Anreiz, die wir kennen, ist die Ausgabe eines übertragbaren digitalen Eintrags, eines sogenannten *Coins* – also einer Kryptowährung.

Damit sind Blockchain und Kryptowährung untrennbar miteinander verbunden: ohne Kryptowährung keine Blockchain und umgekehrt.

Es fragt sich also nicht, ob eine Blockchain anstelle einer Kryptowährung auch andere Anwendungen hat. Es fragt sich nur, ob eine Blockchain *zusätzlich* zu der ihr innewohnenden Kryptowährung auch noch andere Anwendungen hat.

Nur scheinbar eine Ausnahme bilden sogenannte *Private Blockchains*, die keine Kryptowährung beinhalten. Ihnen wenden wir uns im nächsten Abschnitt zu. In Abgrenzung zu Private Blockchains werden die Blockchains, um die es in diesem Buch geht, auch *Public Blockchains* genannt.

In den darauffolgenden Abschnitten betrachten wir Anwendungen von (Public) Blockchains – also Anwendungen von Kryptowährungen: die Nutzung einer Blockchain als fälschungssicheres Speichermedium, als Zeitstempelmethode, als öffentliche Quelle von Zufallszahlen sowie als »nicht zu stoppender Computer«.

Private Blockchains

Es gibt Firmen, die Software unter der Bezeichnung *Private Blockchain* oder *Permissioned Blockchain* anbieten. Ein Beispiel ist die Hyperledger Software von IBM [13, 8]. Ein treffenderer Begriff für Systeme, die auf dieser Software basieren, ist *Distributed Ledger Systems*.

Mögliche Anwender der Software sind Banken. Schuldet Bank A Bank B einen bestimmten Betrag, führen derzeit sowohl Bank A wie auch Bank B Buch über die Höhe der Verbindlichkeiten. Wenn sich nun aufgrund von Fehlern die Auffassungen der beiden Banken über ihre Verbindlichkeiten unterscheiden, muss diese Meinungsverschiedenheit gerichtlich geklärt werden. Das ist im Allgemeinen teuer. Also besteht ein Interesse daran, solche Meinungsverschiedenheiten zu vermeiden. Aber wie? Einem zentralen Intermediär wollen die beiden Banken die Verwaltung ihrer Verbindlichkeiten nicht anvertrauen. Vielleicht könnten sie eine verteilte Datenbank betreiben, die diese Verbindlichkeiten automatisch berechnet und so immer einen Konsens darüber gewährleistet. Das klingt doch nach einem Anwendungsfall für Blockchains?

Eine öffentliche Transaktionsdatenbank ist dafür natürlich nicht geeignet – genauso wenig wie ein Netz, das für beliebige Teilnehmer offen ist. Vielleicht kann man ein Blockchain-Netzwerk betreiben, aber nur mit einem begrenzten Kreis von zugelassenen Teilnehmern? Zum Beispiel einem Bankenkonsortium? Überlegungen dieser Art stehen hinter den Begriffen *Private Blockchain* und *Permissioned Blockchain*.

Diese Begriffe widersprechen sich jedoch in gewisser Weise selbst. In einem geschlossenen Netzwerk mit bekannten Teilnehmern ist Konsensfindung trivial realisierbar. Dazu braucht man gar keine Blockchain. Man kann zum Beispiel einfach die Teilnehmer abstimmen lassen. Teilnehmer könnten Transaktionen, mit denen sie einverstanden sind, signieren und ihre Signatur an alle anderen Teilnehmer schicken. Und wenn in einem Netzwerk mit fünf Teilnehmern eine Transaktion beispielsweise mindestens drei von fünf Signaturen hat, gilt sie, sonst nicht.

Im Gegensatz zu einem offenen Netzwerk besteht die Gefahr einer Sybil-Attacke hier nicht. Deshalb gibt es auch keinen Bedarf für Proof-of-Work. Und deshalb gibt es auch keinen Bedarf für eine Blockchain.

Eine Blockchain löst also ein Problem, das in geschlossenen Netzwerken von vornherein gar nicht besteht.

Das ist keine Kritik an der unter diesem Begriff entwickelten Software, die sicher nützlich sein kann. Es ist lediglich Kritik an der Werbung mit dem Begriff »Blockchain«.

Der Begriff suggeriert, dass diese Software auf einem kürzlich erfolgten technologischen Durchbruch beruht. Aber in Wirklichkeit ist es schon seit der Erfindung von Public-Key-Kryptografie in den Siebzigerjahren leicht möglich, in geschlossenen Netzwerken Konsens zu erreichen.

Ein fälschungssicheres Speichermedium

Eine Blockchain ist eine vielfach redundant gespeicherte Datenbank für Transaktionen. Abgesehen von Reorganisationen, die mit an Sicherheit grenzender Wahrscheinlichkeit nur kürzlich hinzugefügte Blöcke betreffen, ist es praktisch unmöglich, den Inhalt der Blockchain zu ändern.

Die Blockchain ist also ein fälschungssicheres Speichermedium oder, genauer, ein Medium mit *Append-only-Eigenschaft*: Es können zwar neue Daten hinzugefügt, aber keine Daten entfernt oder geändert werden.

Die Blockchain ist damit fälschungssicher in einem sehr starken Sinne des Wortes. Eine digital signierte Nachricht gilt ja ebenfalls als fälschungssicher. Sie ist aber nur fälschungssicher in dem Sinne, dass eine Fälschung vom Empfänger erkannt werden kann. Ein Angreifer, der die Nachricht abfängt, kann sie ja ändern, daran hindert ihn die Signatur nicht. Signierte Nachrichten sind also nur fälschungssicher im Sinne von *tamper-evident* (Fälschungen können erkannt werden), nicht im Sinne von *tamper-proof* (Fälschungen sind nicht möglich).

Aufgrund der verteilten Speicherung der Blockchain und der Absicherung durch Proof-of-Work ist es einem Angreifer aber praktisch unmöglich, den bestehenden Inhalt der Blockchain zu ändern. Ein in diesem Sinne fälschungssicheres Speichermedium ist etwas grundlegend Neues.

In Bitcoin war die Nutzung dieses Speichermediums für andere Daten als für Transaktionen anfänglich nicht vorgesehen und wurde unter Bitcoin-Entwicklern kontrovers diskutiert. Insbesondere können dadurch ja auch illegale Daten in der Blockchain gespeichert werden, was zu rechtlichen Problemen für die Teilnehmer führen kann [10]. Schließlich wurde im Bitcoin-Protokoll aber die Möglichkeit geschaffen, bis zu 83 Byte Daten an eine Transaktion anzufügen.

Ein Softwarehersteller könnte so zum Beispiel den Hashwert seiner Software in der Blockchain publizieren. Die Anwender können die

Software dann auch aus einer nicht vertrauenswürdigen Quelle herunterladen. Indem sie die heruntergeladene Software gegen diesen Hashwert verifizieren, können sie sicherstellen, dass sie keine gefälschte Software verwenden.

Die Nutzung dieses Features steckt noch in den Kinderschuhen. Bartoletti [4] gibt einen Überblick darüber. Der im Moment am weitesten verbreitete Use Case ist die Verewigung von kurzen Nachrichten beispielsweise durch den Service Eternity Wall.[1] Zurzeit findet man dort vor allem Liebeserklärungen, Glückwünsche und tiefsinnige Zitate.

Die Fälschungssicherheit von Daten in der Blockchain ist natürlich nicht gratis.

Tabelle 3-1: Die Blockchain als Speichermedium

	Herkömmliches Speichermedium	Bitcoin-Blockchain
Kosten	$\approx 10^{-10}$ USD/Byte	$\approx 10^{-2}$ USD/Byte
Latenzzeit	$\approx 10^{-2}$ s	$\approx 10^{3}$ s

Der Betrieb eines Blockchain-Netzwerks ist inhärent teuer. Die Blockchain muss nicht nur vielfach redundant validiert und gespeichert werden, sondern vor allem muss der Proof-of-Work erbracht werden. Die Kosten allein dafür liegen beispielsweise zurzeit bei Bitcoin in der Größenordnung von monatlich einer halben Milliarde Dollar ($12{,}5$ BTC $\cdot 6 \cdot 24 \cdot 30 \cdot 10000$ USD/BTC).

Eine sehr grobe Abschätzung der Größenordnung von Kosten und Geschwindigkeit der Speicherung von Daten in einer Blockchain im Vergleich zu einem herkömmlichen Speichermedium wie etwa einer Festplatte oder einem Cloud-Speicher wie Amazon S3 ist in Tabelle 3-1 dargestellt. In der Zeile *Latenzzeit* steht die Zeit, die nötig ist, bis Daten gespeichert sind. Bei der Blockchain sehen wir sie nach sechs Bestätigungen als gespeichert an.

---

1   *https://eternitywall.it/*

Wir sehen, dass die Speicherung in der Blockchain im Vergleich zu einem herkömmlichen Speichermedium ca. Hundertmillionen Mal teurer und Hunderttausend Mal langsamer ist. Sie eignet sich also nur für sehr spezialisierte Anwendungen, die diese Kosten rechtfertigen.

Skalierbarkeit. Ein System wird als *skalierbar* bezeichnet, wenn es mit zunehmender Nutzung auch entsprechend ausgebaut werden kann, um diese Nutzung zu bewältigen. Eine Blockchain skaliert naturgemäß schlecht: Jeder Teilnehmer validiert die Transaktionen jedes Teilnehmers. Die insgesamt zu leistende Validierungsarbeit wächst also quadratisch mit der Anzahl der Teilnehmer. Deshalb darf die Datenmenge einer Blockchain auch nicht beliebig schnell wachsen: Ab einem gewissen Punkt wären nur noch wenige Teilnehmer in der Lage, die Blockchain zu verifizieren, und damit hätten wir wieder ein zentralisiertes System. Deshalb ist es unabdingbar, die Geschwindigkeit des Wachstums der Datenmenge zu begrenzen. In Bitcoin z. B. sind Blöcke auf eine Größe von zurzeit etwa 2 MB beschränkt.

Aufgrund dieser Beschränkung ist Speicherplatz in der Blockchain ein knappes Gut, und es ist ein Markt dafür entstanden: Transaktionen entrichten Gebühren, um in die Blockchain aufgenommen zu werden. Je mehr Daten an eine Transaktion angehängt werden, desto teurer wird die Aufnahme in die Blockchain.

Es ist also zu erwarten, dass mit einem Anstieg der Nachfrage nach Datenspeicherung in der Blockchain auch die Gebühren dafür weiter steigen werden.

Wir betrachten nachfolgend zwei Anwendungen, die auch bei hohen Gebühren wirtschaftlich sein werden: die Blockchain als Zeitstempelmechanismus sowie als Quelle von verifizierbaren Zufallszahlen.

Ein Zeitstempelmechanismus

Wir haben ja gesehen, dass Trusted Timestamping problematisch ist, weil derjenige, der den Timestamp verifiziert, dem Betreiber des

Timestamp-Servers vertrauen muss. Wir haben mit Linked Timestamping eine Methode gesehen, dieses Problem zu lösen. Eine weitere Methode ist *hash and publish*: Man publiziert einfach den Hash des Dokuments, für das man einen Zeitstempel haben will, in einem weitverbreiteten physischen Medium wie zum Beispiel einer Tageszeitung. Eine Tageszeitung hat ja ein Datum, und wenn der Hash eines Dokuments in einer Tageszeitung publiziert ist, muss das Dokument also zu diesem Datum existiert haben.

Statt in einem physischen Medium kann man einen solchen Hashwert aber nun auch in der Blockchain publizieren. Es gibt Anbieter, die diesen Service anbieten, zum Beispiel Proof of Existence.[2] Die Publikation in der Blockchain hat (zumindest bei den derzeitigen Transaktionsgebühren) niedrigere Kosten und auch eine bessere zeitliche Auflösung (ein Block im Schnitt alle 10 Minuten statt eine Tageszeitung alle 24 Stunden).

Allerdings sind die Kosten immer noch deutlich höher als beim Trusted Timestamping, und die zeitliche Auflösung ist auch deutlich niedriger.

Das Problem der hohen Kosten kann man durch Aggregierung lösen. Viele Hashwerte von mit Zeitstempeln zu versehenden Dokumenten werden gesammelt und vom Timestamp-Server in einem Hashbaum[3] aggregiert. Schließlich wird nur ein einziger Hashwert, nämlich die Wurzel des Hashbaums, in die Blockchain geschrieben. Die Urheber der Dokumente, also die Kunden des Timestamp-Servers, teilen sich dann die Kosten für die Speicherung in der Blockchain.

Das Problem der geringen Zeitauflösung kann man lösen, indem man Trusted Timestamping mit Blockchain-basiertem Timestamping kombiniert. Ein Timestamp-Server kann sofort nach Erhalt des Hashwerts von einem Client einen ersten (Trusted) Timestamp ausstellen und zurückgeben. Dieser ist gewissermaßen nur eine Bestätigung des Servers für den Erhalt des Hashwerts – wie beim Trus-

---

2   *https://proofofexistence.com*
3   *https://de.wikipedia.org/wiki/Hash-Baum*

ted Timestamping man kann ihm nur vertrauen, wenn man dem Betreiber des Servers vertraut. Diesen ersten Timestamp kann der Client später durch einen zweiten, Blockchain-basierten Timestamp ersetzen, sobald die Wurzel des Hashbaums in die Blockchain geschrieben wurde. Für die Verifikation des Blockchain-basierten Timestamps ist kein Vertrauen in den Serverbetreiber mehr nötig. Um das nötige Vertrauen in der Zwischenzeit zu minimieren, ist es möglich, einen Hashwert an mehrere Timestamp-Server zu schicken und so Trusted Timestamps mehrerer Server zu erhalten. Wenn der Verifikator mindestens einem davon vertraut, kann er dem Zeitstempel des Dokuments vertrauen.

Open Timestamps[4] und Chainpoint[5] sind Projekte, die Standards und Open-Source-Software zur Ausstellung von Blockchain-basierten Timestamps entwickeln.

Eine Quelle verifizierbarer Zufallszahlen

Zufallszahlen sind ein wichtiger Baustein für sichere Informationssysteme: Geheimnisse, die zur Authentifikation benutzt werden, wie Passwörter oder Signaturschlüssel, müssen zufällig gewählt werden, also insbesondere so, dass niemand sie einfach erraten kann. Häufig werden anderweitig sichere Systeme durch schlechte (also vorhersagbare) Zufallszahlengeneratoren kompromittiert.

In den genannten Fällen müssen Zufallszahlen geheim bleiben. Es gibt aber auch Fälle, in denen Zufallszahlen öffentlich gemacht werden, z. B. bei der Ziehung der Lottozahlen. Hier besteht der Bedarf, öffentlich nachzuweisen, dass die Zahlen echte Zufallszahlen sind, also insbesondere, dass sie vor dem Zeitpunkt der Ziehung für niemanden vorhersagbar waren. Derselbe Bedarf besteht überall dort, wo Güter, Rechte oder Pflichten nach dem Losverfahren verteilt werden, etwa bei der Verteilung von Studienplätzen, der

---

4   *https://opentimestamps.org/*

5   *https://chainpoint.org/*

Verteilung von Aufenthaltsrechten oder gar der Einberufung von Wehrpflichtigen.[6, 7, 8]

Für die Stelle, die das Losverfahren durchführt, ist es generell möglich, das Los zu manipulieren – also nicht zufällig, sondern gezielt ein Los auszuwählen.

Deshalb ist es auch schwierig, die Öffentlichkeit davon zu überzeugen, dass das Los tatsächlich zufällig gezogen wurde. Bei der Lottoziehung etwa ist ein Beamter anwesend, der die Ziehung beaufsichtigt.[9]

Es wäre also hilfreich, wenn es irgendwo eine Quelle gäbe, die stetig neue, echte Zufallszahlen generierte und publizierte und die man dann für solche Losverfahren verwenden könnte. In der Kryptografie nennt man eine solche Zufallszahlenquelle einen *Random Beacon*.

Das U.S. National Institute of Standards and Technology bietet einen Service mit genau diesem Namen an.[10] Leider können wir bei einem zentralisierten Service wie diesem nicht sicher sein, dass er wirklich ein Random Beacon ist: Prinzipiell kann der Betreiber des Service gezielt gewählte, also eben nicht zufällig gewählte Zahlen publizieren. Wenn dieser Service als Zufallsquelle in Losverfahren eingesetzt wird, verschiebt sich die Manipulationsmöglichkeit also nur vom Durchführenden des Losverfahrens zum Betreiber des Random Beacon.

Eine Blockchain kann auch als Random Beacon genutzt werden. In jedem Block ist ja ein Hash des vorigen Blocks eingebettet, der mit einer bestimmten Anzahl Null-Bits anfängt. Der Teil des Hash nach dem ersten 1-Bit ist offenbar sehr schwierig vorherzusagen: Die gesamte Rechenkapazität des Netzwerks arbeitet kontinuierlich daran, ihn zu finden!

---

6   *https://de.wikipedia.org/wiki/Losverfahren#Studienplätze*

7   *https://en.wikipedia.org/wiki/Diversity_Immigrant_Visa*

8   *https://en.wikipedia.org/wiki/Draft_lottery_(1969)*

9   *https://www.lotto.de/de/informationen/lotto-6aus49/zehn-fakten-rund-um-die-lottokugel.html*

10 *https://www.nist.gov/programs-projects/nist-randomness-beacon*

Können die Teilnehmer des Blockchain-Netzwerks die Zufallszahlen manipulieren? Das Einzige, was ein Teilnehmer tun kann, um diese Bitfolge zu beeinflussen, ist, eine gefundene Puzzle-Lösung zu verwerfen, um eine neue Puzzle-Lösung zu finden. Damit verliert er aber den Block Reward, der für den gefundenen Block bezahlt wird. Das Verwerfen von Blöcken verursacht ihm also Kosten: Ein rationaler Teilnehmer wird das nur tun, wenn der Gewinn daraus größer ist als diese Kosten.

Eine Blockchain als Random Beacon kommt also für Losverfahren infrage, in denen der aus dem Gewinn des Losverfahrens resultierende wirtschaftliche Gewinn im Verhältnis zum Block Reward klein ist. Bei einem derzeitigen Block Reward in Bitcoin in der Größenordnung von 12,5 BTC · 10 000 USD/BTC = 125 000 USD sind solche Anwendungen also durchaus denkbar.

Random Beacons sind generell sehr nützlich in kryptografischen Protokollen. Beispielsweise kann man mithilfe eines Random Beacon beweisen, dass bestimmte Daten erst *nach* einem bestimmten Zeitpunkt entstanden sind. Das ist also in gewisser Weise das Gegenteil von dem, was Timestamping erreicht, das die Existenz von Daten *vor* einem bestimmten Zeitpunkt beweist.

Wenn eine signierte Nachricht eine Zufallszahl des Random Beacon enthält, können wir sicher sein, dass sie frühestens zu dem Zeitpunkt signiert wurde, an dem der Beacon diese Zufallszahl publizierte.

Im Jahr 2017 hat Julian Assange von Wikileaks die Bitcoin-Blockchain schon auf diese Weise als Random Beacon genutzt. Er las den Hash von Bitcoin-Block Nummer 447506 in einem Video vor, um zu beweisen, dass er noch am Leben ist und das Video nicht etwa schon vor langer Zeit aufgenommen wurde.[11]

Die Anwendung der Blockchain als Random Beacon leidet nicht unter hohen Gebühren für die Datenspeicherung in der Blockchain: Es müssen ja nur Daten gelesen werden. Im Gegenteil: Je höher der Wert von Bitcoin ist, desto manipulationssicherer wird die Blockchain als Zufallszahlenquelle.

---

11 *https://www.coindesk.com/julian-assange-just-read-bitcoin-block-hash-prove-alive/*

Ein nicht zu stoppender Computer

Smart Contracts. Wir haben gesehen, wie die Teilnehmer eines Blockchain-Netzwerks ein fälschungssicheres Append-only-Speichermedium zur Verfügung stellen. Diese Teilnehmer sind aber Computer, und als solche können sie nicht nur Daten speichern, sondern zusätzlich auch Berechnungen mit diesen Daten durchführen bzw. Programme laufen lassen, die mit diesen Daten arbeiten.

Jede Bitcoin-Transaktion enthält solche Programme, geschrieben in Bitcoin Script. In den meisten Fällen sind diese Programme sehr einfach und beinhalten im Wesentlichen die Instruktion, eine Signatur zu überprüfen. Es sind aber auch komplexere Programme denkbar, und dann ist häufig von sogenannten Smart Contracts die Rede. Ein *Smart Contract* ist ein dezentralisiert ausgeführtes Blockchain-basiertes Programm, das direkte Kontrolle über Kryptowährungsgelder ausübt.

Ähnlich wie das Speichermedium Blockchain praktisch unfälschbar ist, so sind Blockchain-basierte Programme praktisch nicht zu manipulieren oder zu stoppen. Und genauso wie die Blockchain als Speichermedium außerordentlich teuer und langsam ist, so ist auch die Blockchain als Computer außerordentlich teuer und langsam und eignet sich nur für spezielle Applikationen.

Beispiel Crowdfunding. Ein Beispiel für einen einfach zu realisierenden Smart Contract ist eine Crowdfunding-Plattform. Betrachten wir eine (sehr vereinfachte) zentralisierte Crowdfunding-Plattform, die von Charlie betrieben wird. Alice ist Geldnehmerin. Sie publiziert auf Charlies Plattform ein Projekt und wirbt um Gelder dafür. Insbesondere publiziert sie die Mindestgeldmenge, die sie einnehmen muss, um das Projekt zu verwirklichen, sowie das Enddatum der Crowdfunding-Kampagne. Viele Geldgeber können nun kleine Geldmengen beitragen. Sie überweisen es an Charlie. Wenn die Mindestgeldmenge vor dem Enddatum erreicht ist, überweist Charlie das Geld an Alice, um das Projekt zu verwirklichen. Ist am Enddatum die Mindestgeldmenge nicht erreicht, erstattet Charlie das einbezahlte Geld den Geldgebern zurück.

Alle Aktionen, die hier von Charlie bzw. von Charlies Server ausgeführt werden, kann auch ein Smart Contract ausführen. Der Smart Contract kann natürlich nur Kryptowährung verwalten, also müssen die Geldgeber Kryptowährung einzahlen.

Der Vorteil eines solchen Crowdfunding Smart Contract ist, dass kein Vertrauen in Charlie nötig ist. Charlie kann ja jederzeit den Betrieb einstellen und die einbezahlten Gelder behalten. Der Smart Contract dagegen wird genau so ausgeführt, wie er programmiert wurde.

Es gibt viele weitere Anwendungsmöglichkeiten von Smart Contracts, wie etwa das Abschließen von Wetten, Escrow Services oder beweisbar faire Lotterien. Einen Überblick über Smart Contracts in Bitcoin geben Atzei u. a. in [2].

Decentralize Everything? Alles, was ein Smart Contract tut, kann auch ein einziger zentraler Server tun. Und der einzige (aber natürlich wesentliche) Vorteil des viel teureren Smart Contract ist die Dezentralisierung.

Bei einer Währung ist Dezentralisierung wichtig: Nur Dezentralisierung garantiert die Zensurfreiheit von Transaktionen und die vorhersagbare Entwicklung der Geldmenge. Damit hat eine dezentralisierte Währung also einen Wettbewerbsvorteil gegenüber zentralisierten Währungen, der offensichtlich die hohen Kosten einer Blockchain rechtfertigt.

Bei unserem Crowdfunding Smart Contract ist dieser Wettbewerbsvorteil gegenüber dem zentralisierten Plattformanbieter weniger klar: Zwar gibt es auch hier prinzipiell das Risiko, dass Charlie Alice' Crowdfunding-Proposal zensiert, sowie das Risiko, dass Charlie insolvent wird oder Gelder veruntreut. Diese Risiken sind aber vermutlich gering, und es ist fraglich, ob die Beseitigung dieser Risiken die hohen Kosten eines Smart Contract rechtfertigt.

Vermutlich werden Smart Contracts vor allem Nischen besetzen, in denen es aus gesetzlichen Gründen keine oder wenige konkurrierende zentralisierte Dienstanbieter gibt, wie zum Beispiel für Glücksspiele.

Physisches Eigentum auf der Blockchain? Ein weiterer Anwendungsfall von Smart Contracts ist die Verbriefung und Übertragung von Eigentumsrechten auf der Blockchain. Hier geht es wohlgemerkt nicht um Kryptowährungseigentum wie etwa Bitcoin, also Blockchain-basierte Tokens, die einzig und allein den Wert haben, den der Markt ihnen zuschreibt. Hier geht es um Blockchainbasierte Tokens, die Eigentumsrechte an physischem Eigentum repräsentieren, wie etwa Immobilien, Gold, Öl oder Betriebsvermögen.

Auch hier stellt sich die Frage nach der Wirtschaftlichkeit. Welchen Vorteil bringt die teure Dezentralisierung?

Generell ist ein Eigentumsrecht an physischem Eigentum nur von Belang, wenn es von jemandem durchgesetzt wird, typischerweise von einem Staat mit seinen Gerichten und Strafverfolgungsbehörden. Hier muss der Eigentümer also sowieso einer zentralen Instanz vertrauen, dass sie seine Eigentumsrechte durchsetzt. Wenn Alice in einem hypothetischen dezentralen Grundbuch auf einer Blockchain das Eigentumsrecht an einer Immobilie übertragen bekommt, nützt ihr das nichts, wenn der Staat ihr Eigentumsrecht nicht durchsetzt. Wenn sie also sowieso dem Staat vertrauen muss, dass er ihr Eigentumsrecht durchsetzt, gibt es keinen Grund, ihm nicht auch die Verwaltung und Übertragung dieser Eigentumsrechte anzuvertrauen. Dann können die Eigentumsrechte in einem zentralen Grundbuch notiert werden, das von einer vertrauenswürdigen staatlichen Stelle geführt wird. Und man spart sich die teure Dezentralisierung.

Initial Coin Offerings? Analoge Überlegungen gelten für sogenannte ICOs[12] (*Initial Coin Offering* in Anlehnung an das Initial Public Offering einer Aktie). Hier werden typischerweise von einem Start-up Blockchain-basierte digitale Einträge, genannt *Tokens*, ausgegeben und an Investoren verkauft. Die Tokens sind typischerweise mit einem Versprechen auf Anteile an den zukünftigen Gewinnen des Start-ups oder auf Nutzung der zukünftigen Produkte des Start-ups verbunden.

---

12 *https://en.wikipedia.org/wiki/Initial_coin_offering*

Für Firmen sind ICOs eine lukrative Möglichkeit, Investorenkapital einzuwerben: Unter Umgehung von Banken und professionellen Risikokapitalgebern bekommen sie direkten Zugang zu Investorengeldern in einem weltweiten Kapitalmarkt.

Für Anleger sind ICOs dagegen ein zweischneidiges Schwert: Einerseits bekommen auch sie über ICOs Zugang zu Anlagemöglichkeiten, zu denen sie auf herkömmliche Weise keinen Zugang hätten. Andererseits haben herkömmliche Anlageformen Mechanismen zum Investorschutz, die bei ICOs fehlen.

Während eine Aktie rechtlich einen Anteil an einem Unternehmen darstellt, ist ein ICO-Token nur ein unverbindliches Versprechen.

Es muss sich auch noch herausstellen, inwieweit ICOs überhaupt gesetzeskonform sind. Die bei ICOs ausgegebenen Tokens gelten unter Umständen als Wertpapiere, und die Ausgabe von Wertpapieren ist in vielen Ländern stark gesetzlich reguliert.[13]

Ein wesentliches Ziel dieser Gesetzgebung ist Investorenschutz, und gerade im ICO-Umfeld wäre davon mehr geboten, da hier Investoren viel Geld verlieren[14, 15].

Außerdem haben Staaten häufig Gesetze, die dem Ziel dienen, Geldwäsche zu erschweren. Die Möglichkeit, anonym ICO-Tokens zu besitzen und zu handeln, ist grundsätzlich schlecht mit diesem Ziel vereinbar.

Von der Anwendbarkeit der derzeitigen staatlichen Gesetzgebungen und der weiteren Entwicklung derselben wird abhängen, inwieweit sich ICOs als Alternative zur herkömmlichen Kapitalbeschaffung durchsetzen.

Auch ist fraglich, ob die Blockchain die richtige Technologie dafür ist. ICOs sind im Gegensatz zu Kryptowährungen inhärent zentralisiert. Das Tokens ausgebende Unternehmen ist eine zentrale Instanz,

---

13 *https://www.finma.ch/de/news/2017/09/20170929-mm-ico/*

14 *https://www.wired.de/collection/business/56-prozent-aller-initialcoinofferings-letztes-jahr-sind-fehlgeschlagen*

15 *https://medium.com/@michaelflaxman/icos-are-cancer-c404594f181b*

die sich der Zensur bzw. bei Gesetzesverstößen der Strafverfolgung aussetzt. Es ist also fraglich, wieso dieses inhärent zentralisierte Token dann auf teure Weise dezentralisiert und damit zensurresistent übertragbar sein soll. Sagen wir, Alice besitzt ein ICO-Token, das ein Versprechen auf zukünftige Gewinne eines Start-ups verbrieft. Was nützt es ihr, dass ein Staat ihren Handel mit diesem Token nicht unterbinden kann, wenn der Staat Zugriff auf das Start-up und dessen Gewinne hat?

Langfristig könnten sich also billigere, zentralisiertere Plattformen für ICOs durchsetzen, die nicht Blockchain-basiert sind, aber vermutlich trotzdem nicht auf den Begriff Blockchain als Marketinginstrument verzichten werden.

Literatur

[1] A. M. Antonopoulos. *Mastering Bitcoin: Programming the Open Blockchain*. O'Reilly Media, 2017. ISBN: 9781491954348. URL: *http://shop.oreilly.com/product/0636920049524.do*. Deutsche Übersetzung: A. M. Antonopoulos. *Bitcoin & Blockchain – Grundlagen und Programmierung*. O'Reilly, 2018. ISBN: 978-3-96009-071-7.

[2] Nicola Atzei u. a. »SoK: Unraveling Bitcoin Smart Contracts«. In: *Principles of Security and Trust*. Hrsg. von Lujo Bauer und Ralf Küsters. Cham: Springer International Publishing, 2018, S. 217–242. ISBN: 978-3-319-89722-6.

[3] Adam Back. *Hashcash – A Denial of Service Counter-Measure*. Techn. Ber. 2002. DOI: 10.1.1.15.8 .
URL: *http://www.hashcash.org/hashcash.pdf*.

[4] Massimo Bartoletti und Livio Pompianu. »An Analysis of Bitcoin OP_RETURN Metadata«. In: *Financial Cryptography and Data Security – FC 2017 International Workshops, WAHC, BITCOIN, VOTING, WTSC, and TA, Sliema, Malta, April 7, 2017, Revised Selected Papers*. 2017, S. 218–230.
DOI: 10.1007/978-3-319-70278-0_14.
URL: *https://doi.org/10.1007/978-3-319-70278-0_14*.

[5] Marc Bevand. *Op Ed: Bitcoin Miners Consume A Reasonable Amount of Energy – And It's All Worth It*. URL:
https://bitcoinmagazine.com/articles/op-ed-bitcoin-miners-consume-reasonable-amount-energy-and-its-all-worth-it/.

[6] *BitcoinStats*. URL: *http://bitcoinstats.com/network/propagation/*.

[7] *Blockchain. Orphaned Blocks*. URL:
https://blockchain.info/orphaned-blocks.

[8] Moritz Förster. *Hyperledger Fabric: IBM startet seine Blockchain as a Service*. URL:

https://www.heise.de/newsticker/meldung/Hyperledger-Fabric-IBM-startet-seine-Blockchain-as-a-Service-3660165.html.

[9] Stuart Haber und W. Scott Stornetta. »How to time-stamp a digital document«. In: *Journal of Cryptology* 3.2 (Jan. 1991), S. 99–111. DOI: 10.1007/BF00196791.

[10] Roman Matzutt u. a. »A Quantitative Analysis of the Impact of Arbitrary Blockchain Content on Bitcoin«. In: *Proceedings of the 22nd International Conference on Financial Cryptography and Data Security (FC). Springer.* 2018. URL: *http://fc18.ifca.ai/preproceedings/6.pdf.*

[11] *NaCl: Networking and Cryptography library.* URL: *https://nacl.cr.yp.to.*

[12] Satoshi Nakamoto. *Bitcoin: A peer-to-peer electronic cash system.* 2009. URL: *http://www.bitcoin.org/bitcoin.pdf.*

[13] Nathaniel Popper und Steve Lohr. LOHR. *Blockchain: A Better Way to Track Pork Chops, Bonds, Bad Peanut Butter?* URL: *https://www.nytimes.com/2017/03/04/business/dealbook/blockchain-ibm-bitcoin.html.*

[14] Bart Preneel. »Analysis and design of cryptographic hash functions«. Diss. 1993. URL: *https://www.cosic.esat.kuleuven.be/publications/thesis-16.pdf.*

[15] *PyNaCl: Python binding to the libsodium library.* URL: *https://github.com/pyca/pynacl.*

[16] Reddit. *Total hardware cost to run bitcoin network around 1 billion $.*URL: *https://www.reddit.com/r/Bitcoin/comments/6xhjxf/total_hardware_cost_to_run_bitcoin_network_around/.*

[17] Meni Rosenfeld. »Analysis of Hashrate-Based Double Spending«. In: *CoRR* abs/1402.2 (2014). URL: *http://arxiv.org/abs/1402.2009.*

[18] Bitcoin Stackexchange. *What is the longest blockchain fork that has been orphaned to date?* URL: *https://bitcoin.stackexchange.com/questions/3343/what-is-the-longest-blockchain-fork-that-has-been-orphaned-to-date.*

[19] Wikipedia. *Double-spending.* URL: *https://en.wikipedia.org/wiki/Double-spending.*

[20] Wikipedia. *NIST hash function competition.* 2017. URL: *https://en.wikipedia.org/wiki/NIST_hash_function_competition.*

Index

Numerisch
51 %-Attacke 55

A
Append-only-Eigenschaft 70

B
BankCoin 31
Bargeld, digitales 19
Bitcoin Core 60
Bitcoin Script 64
Bitcoin-Adresse 62
Bitcoin-Netzwerk 30
Block 47
Block Reward 61
Blockchain 31
    als Speichermedium 71
    Append-only-Eigenschaft 70
    Double-Spending-Problem 20
    fälschungssichere Nachrichten
        70
    Kosten der Fälschungssicher-
        heit von Daten 71
    kryptografische Grundbau-
        steine 11
    Skalierbarkeit 72
    Speicherplatz 72
BlockchainCoin 47

Blockkette
    main chain 50
    Reorganisation 50
    secondary chain 50

C
Chainpoint 74
collision-resistance 13
Crowdfunding 77

D
Dezentralisierung 78
    Kosten 78
    Vorteile 78
Difficulty 28
Digitale Signaturen
    Signaturschema 15
digitales Bargeld 31
Double-Spending-Attacke 41
    Hashrate 55
    maximale Anzahl Coins 58
    Profitabilität 57
    Rechenkapazität des Netz-
        werks 55
Double-Spending-Problem 11,
    20, 42
    Blockchain 20
    Lösung 43

E

Eigentumsrechte dokumentieren 79
Einwegfunktion 13
ElectionCoin 44
elektronische Zahlung 19

G

geheimer Schlüssel 16
Genesis-Block 47
Grundbuch, dezentrales 79

H

hash and publish 73
Hashcash 27
Hashcash-Puzzle 28–29, 46
Hashcash-Token 29
Hashfunktionen 12
    digitale Signaturen 11
    Einwegfunktion 13
    Implementation der Python-Standardbibliothek 12
    Kollisionsfreiheit 23
    kollisionsresistente 15
    kryptografische 13
    SHA-256 12
    Übertragungsfehler erkennen 12
Hashrate 54
hexdigest() 12

I

ICOs *siehe* Initial Coin Offerings
ICO-Token 80
IncentiveCoin 56
Initial Coin Offerings 79

Intermediär 33

K

Kollisionsresistenz 13
Konsens 36
Kryptowährungen 67

L

Leader
    Auswahl 45
Linked Timestamping 24

M

main chain 50
MD5 19
Miner 64
Mining Pools 64

N

Nachricht signieren 17
NaCl Library 9
NaiveCoin 34
Netzwerkspaltung 48, 50

O

öffentlicher Schlüssel 16
Open Timestamps 74

P

Permissioned Blockchain 68
preimage-resistance 13
Private Blockchain 68
    und Sybil-Attacke 69
Private Blockchains 68

Proof of Existence 73
Proof-of-Work 11, 27
    Hashcash 9
Proof-of-Work-Coin 46
Public Announcement 42
PublicAnnouncementCoin 42
Puzzle
    Anpassen der Schwierigkeit 61
    Bitcoin-Netzwerk 30
    Difficulty 28
Python
    NaCl-Bibliothek 9
    Paketmanager pip 9

R
Random Beacon 75
Replay-Attacke 36, 38

S
Satoshi Nakamoto
    Bitcoin-Whitepaper 20
secondary chain 50
SerialnumberCoin 36
SHA-1 19, 29
sha256() 12
Signaturen, digitale 15
Signaturschema
    korrekt 18
    NaCL-Bibliothek 16
    unfälschbar 18, 23
Signaturschlüssel 16
Skalierbarkeit 72
Smart Contracts 77
Sybil-Attacke 45
    Rechenkapazität 45
    und Private Blockchain 69

T
tamper-evident vs. tamper-proof
    70
timestamps 21
Timestamp-Server 22, 73
TransactionCoin 38
Transaktion 32, 39
    Bestätigungen 51
    Inputs und Outputs 61
    Transaktionsdatenbank 39
    unbestätigte 51
Transaktionspool 44
Transaktionswert, maximal
    sicherer 58
Trusted Timestamping 22–23, 72

U
Unspent Transaction Output 62
Urheberschaft 21
UTXO *siehe* Unspent Transaction
    Output

V
Verifikationsschlüssel 16

Z
Zeitstempel
    digitale 21
    Urheberschaft 21
Zeitstempelmechanismus 72
Zufallszahlen, verifizierbare 74

Über den Autor

Kai Brünnler promovierte an der TU Dresden und habilitierte sich an der Universität Bern im Bereich Theoretische Informatik und Logik.

Nach vier Jahren Beratungstätigkeit im Bereich IT-Sicherheit lehrt und forscht er nun an der Berner Fachhochschule. Besonders interessieren ihn die Themen Angewandte Kryptografie, Kryptowährungen und E-Voting.

Andreas M. Antonopoulos

Grundlagen & Programmierung

Andreas M. Antonopoulos

**Bitcoin & Blockchain
2. Auflage**

ISBN 978-3-96009-071-7
April 2018, 412 Seiten, Broschur
Print: 36,90 €, E-Book: 29,99 €

Dieser Leitfaden vermittelt Ihnen das nötige Wissen, um am
Internet des Geldes teilnehmen zu können und die Blockchain-
Technologie zu verstehen. Ganz gleich, ob Sie die nächste Killer-
App entwickeln, in ein Start-up investieren oder einfach mehr
über die Technik erfahren wollen.

Camille Fournier

Wie aus Entwicklern und Techies erfolgreiche Manager werden

Camille Fournier

**Karriereweg
IT-Management**

ISBN 978-3-96009-064-9
2017, 234 Seiten, Broschur
Print: 32,90 €, E-Book: 25,99 €

Camille Fournier, zunächst technische Projektleiterin und später CTO, beschreibt anschaulich, was Manager – ob Mentoren, Projektleiter oder CTOs – auf ihrem Weg vom Techie zum Manager erwartet: welche Kompetenz für welche Position erforderlich ist, welche Probleme und Konflikte wahrscheinlich sind und welche Strategien helfen.

Banfield / Eriksson / Walkingshaw

Wie Top-Produktmanager herausragende IT-Produkte entwickeln und erfolgreiche Teams formen

Richard Banfield, Martin Eriksson, Nate Walkingshaw

Product Leadership

ISBN 978-3-96009-068-7
Juni 2018, 236 Seiten, Broschur
Print: 32,90 €, E-Book: 25,99 €

Die Autoren verfügen über jahrzehntelange Erfahrung in Produktdesign und Produktentwicklung. Sie beschreiben verschiedene Stile und Techniken erfolgreicher Produkt-Leader und destillieren aus Interviews mit fast 100 führenden Produktmanagern aus aller Welt aufschlussreiche Erkenntnisse und erfolgreiche Best Practices.

www.oreilly.de